爸爸的面包机：
美味面包烘焙

[日] 荻山和也 著　　鞠向超等 译

中国水利水电出版社
www.waterpub.com.cn

目录

Part.1 烤箱烘焙

那不勒斯面包

甜点面包

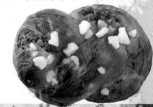

炼乳牛奶面包

2

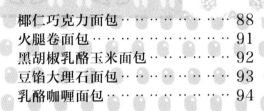

Part.2 搭配面包

Part.3 成形面包

富含葡萄干的
面包

椰仁巧克力
面包

· 本书使用的面包机型号是松下SD-BMS106(1斤用)。

· 面包面胚所有材料以g为单位表示。凡不能以g为测量单位的材料，则以一大勺(15ml)、一小勺(5ml)来表示。

· 微波炉是使用600W时的标准时间。
根据微波炉型号的不同存在些许偏差。

· 烤箱的烘焙时间为标准时间。
根据烤箱型号的不同存在些许偏差。请参考记载的时间，烤制时留意面包的状态。

· 使用烹饪家电时遵照说明书，注意避免烫伤。

· 本书刊登的全部都是使用干燥酵母粉制作的面包。

巧克力贝果
面包

香醇
浓厚

因为是亲手制作，所以
更香醇
更浓厚……

热衷面包机烘焙的人一定都想做出店里出售的那样香甜、细腻、味道浓郁的面包吧！

即使在家也可以简单轻松制作高档美味面包。

而且因为是在家亲手制作，可以用自己喜欢的方式做出鲜奶油超级多、梦幻般的面包。

简直就是高档面包的代表作品。

光是想着"比店里出售的面包还要好吃，太令人吃惊了！"就感到欢欣雀跃，大家愉快的神色已经浮现在眼前！

您喜欢奢侈的面包吗？

说到高级且香醇的面包，种类多样。
比如味道和外观像蛋糕一样的甜点面包、
有着香浓味道的家常菜面包等等。
因为可以大量使用多于标准用量的鲜奶油、
黄油、巧克力等决定味道的关键食材，
所以让人充满期待。食材搭配丰富的话，
烹饪时的乐趣也和以往大有不同，不可
思议！

全部可以在家制作

虽然面包坊的面包也不错,但用家里有的食材来制作面包,幸福感更浓烈。

可以比平时用面包机烘焙的面包做得更加香醇,可以让我们体验到极大的满足感!!

礼物

做得好的话可以作为礼物送给朋友。根据做出的成品,有些可能比在面包坊买的要更加美观。放入可爱的礼品盒中,用包装纸打包,梦幻故事就此展开。使用吐司模具烤制的面包很容易打包,非常适合做礼物。

享受轻奢

调面不仅可以用水,还可以加入果汁和牛奶等。面胚上会增加少许风味,面胚的颜色也会改变,非常有趣。当你将水换成牛奶,就成了牛奶味,结果不知不觉就反复做了很多。例如本书42页介绍的"抹茶奶油面包",面胚就牛奶味十足,和抹茶的味道非常契合。

刚出炉热乎乎的面包

面包就是要刚出炉的!!没有什么比刚出炉就吃更幸福的了。一起品尝刚出炉的面包,家人的笑容也会自然浮现,眨眼之间面包就被吃完了。也许会听到期待的声音说"再做一个吧?"

黏稠浓厚&超足量

让甜点系面包味道更加浓厚,让家常菜面包量更足。连夹馅也达到超出想象的量级。有着可以烘焙到底的乐趣。例如,60页的"肉糜面包",因为量非常足,所以怎么包也是有技巧的。

成形的乐趣

本书介绍了许多种不同的成形方法。掌握之后，你也用这些方法对这个面胚进行成形吧！

高档＆细腻浓厚

在面包上挤上搅打奶油，大量使用水果，让我们制作不负高档之名的面包吧！把外观漂亮的面包装饰得更加华丽，外观简单的面包加入大量的夹馅。如16页的"巧克力蛋奶糕面包"，就加入了对于面胚和夹馅来说都非常奢侈的巧克力。

用装饰让面包更香醇

在本书的"Part 2搭配面包"中，介绍了用丰富的搭配进一步装饰烘焙好的面包、让成品更进一步的技巧。绝对会让家人大加称赞"哎！那个面包也能变成这种风格？"。这部分全都是极具价值的面包搭配法。

制作香醇&奶油味十足的面包
必须知道的事情

1 基本道具

烘焙面包没有必须要的道具,比如说刮板。刮板常用来分割面胚,但是也可以用刀来代替。其他如面包烘焙垫,可以用砧板;隔热手套可以用工作手套,都是一些可以使用家用工具代替的东西。

2 使用手粉

当面胚不紧实,或者延展性不好的时候,就可以使用手粉。用和面胚一样质地的高筋面粉就可以了。将手粉放入深底锅中,然后放置在成形时方便使用的地方。

3 烤板

用一块烤箱烤板烘焙的话,发酵中的面包可能会粘在一起,但绝对不要剥离分开。因为气体会从面包里面跑掉。烤制好后,再马上剥开。

如果是有两块烤板的烤箱,可以将面包分别放在两块烤板上烤制,这样成品就会很漂亮了。

4 烘焙完成的信号

可以观察面包背面。如果背面已经出现黄褐色的话,就是烤制完成的信号。

5 保质期限和保存方法

保质期限是包含制作当日在内的三天时间。可以包上保鲜膜在常温状态下保存。因为冰箱温度对面包来说并不适宜,所以不建议放入冰箱保存。如果面包内没有家常菜、奶油等夹馅的话,可以冷冻保存。用保鲜膜包好,放入密封袋大约可以保存一个月。

6 基本食材

高筋面粉、发酵粉、砂糖、盐和水是最基本的必要食材。虽然仅用这五种食材也可以制作面包,但是本书为了提升高档&香醇的口感,加上了黄油、鸡蛋,一共七种作为基本食材。仅加上黄油和鸡蛋就可以让面包的纹理更细腻,明显提升面包口味。本书制作了许多充分搭配黄油和鸡蛋烤制的面包,请先试试看。

7 发酵粉

发酵粉使用无需提前发酵的干燥酵母粉。本书中使用了富含糖分的saf金标和日清的超级山茶牌干燥酵母粉。

8 葡萄干·坚果类

葡萄干和坚果需要在水中浸泡,控干水分后再使用。如果省略这一步骤,将葡萄干和坚果直接放入面包机的话,面胚所需要的水分就会被葡萄干和坚果吸收,变成质地较硬的面胚,所以请一定不要忘记这一点。

烤箱烘焙

PART.1

制作各种不同的面包形状然后进行烘焙吧。
即使是标准形状的面包，本书也介绍了比寻常面包有着更丰富配比的甜点面包和家常菜面包。

烤箱烘焙

PART.1

制作各种不同的面包形状然后进行烘焙吧。
即使是标准形状的面包，本书也介绍了比寻常面包有着更丰富配比的甜点面包和家常菜面包。

苹果肉桂卷
Apple Cinnamon Roll

肉桂和苹果的味道好到无法形容。
分成四份品尝吧!

▽ 食材(2个份)

【面胚食材】

高筋面粉…………………	200g
杏仁粉……………………	30g
盐…………………………	2g
砂糖………………………	30g
黄油………………………	30g
鸡蛋………………………	20g
牛奶………………………	50g
水…………………………	72g
干燥酵母粉………………	3g

【成形用食材】

苹果甜煮汁

苹果 …	1个(净重230g)
砂糖…………………	50g
黄油…………………	10g
融化黄油……………	适量
肉桂砂糖……………	3小勺

【装饰材料】

蛋液…………………	适量

【糖霜】

糖粉…………………	100g
牛奶…………………	20g

▽ 做法

1. 用面包机制作面胚

面胚制作交给面包机。
将食材放入,1个小时后就完成了。

❶ 在电子秤上放上带面包机搅拌片的面包箱,将显示屏设定至"0",将【面胚食材】从上到下按照顺序一样一样放入计量。

❷ 除干燥酵母粉以外的食材放入面包箱后,将面包箱放回机器,然后关上中间的盖子。

❸ 将干燥酵母粉放入发酵容器中。

❹ 关上上面的盖子,按"菜单第15号(面包面胚)",然后启动。

2. 预先准备

在等待面胚完成的时间里,把成形要使用的苹果甜煮汁、装饰用的糖霜做好。

A:制作糖霜

B:制作苹果甜煮汁

  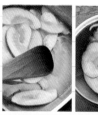

在碗里放入糖粉、牛奶然后混合搅拌。

❶ 苹果一半切成带皮的,厚度为7mm的梳形块,然后和砂糖、黄油一起放入锅中,盖上盖子用小火煮。

❷ 煮出水分后,换成小中火,煮到苹果变成黄色,然后控出水分。

▽ 关键
冷却馅料

在烹饪填装馅料的时候,请务必将馅料冷却到常温。如果使用高温状态的馅料进行成形的话,面胚的质地就会变差。

注意点 | 根据品牌和型号的不同,功能也有所不同。详细请您阅读面包机的使用说明书。
本书使用了松下SD-BMS106型号的面包机。

面胚完成后马上就可以开始设计面包的形状了。

3. 切分面胚

从面包箱中取出面胚,切分后放置。尽量迅速地完成这一步。

面包烘焙垫　手掌

❶ 放上面包烘焙垫,将手粉撒在面包烘焙垫和手掌上。

❷ 从面包箱中取出面胚,从身前开始一层一层地向外卷。

❸ 使用刮板切分成两个,然后搓圆,盖上湿布,进行10分钟的中间醒发。

✂ 关键
中间醒发是什么?

将面胚放置一段时间进行醒发,就叫做"中间醒发"。通过中间醒发,可以使面胚延展性更好,在接下来的步骤中(用擀面杖擀面胚等成形环节)就会更容易操作。

4. 成形

面包终于要开始成形了。想做得漂亮又正确,就会很花时间。让我们迅速地操作。

❶ 将手粉撒在面包烘焙垫和手掌上,用手将面胚反复揉压几次,排出气体。

❷ 将面胚用擀面杖擀得长宽斜面和厚度都均匀。背面也一样使用擀面杖压平,最后抻成长18cm×宽15cm的长方形。

❸ 面胚上缘留下1cm左右,其他地方涂上软化黄油。

✂ 关键
不涂黄油的地方

┌─1cm

如果在整个面胚上涂上软化黄油的话,黄油在发酵、在烤箱中烤制过程中就有可能会剥落。请一定留下面胚上面1cm左右的空间不涂黄油。

❹ 在上面撒上1.5小勺肉桂砂糖,倒入半份苹果甜煮汁。

❺ 从身前开始一层一层地向外卷,卷完后牢牢按压面胚边缘使之黏合。

这种感觉

❻ 将封口放在下面,面包上方留1cm左右不切断,用刀在面胚上划开口,使面胚分成4等份。

❼ 将面胚打开到可以看见切口的程度,再将面胚放在铺有烘焙纸的烤板上。同样方法再做一个。

5. 发酵

将烤箱的发酵功能设定到40℃,接着在烤板上放入倒有热水的平盘,发酵30分钟。

✂ 关键
防止面包干燥

面包最忌干燥。如果发酵期间太干的话就会变成膨胀不良的面包了。所以请一定在平盘上倒入1～2cm高、70℃左右的热水,然后放入烤箱中让面包发酵。

6. 润色后在烤箱中烤制

将烤箱温度预热到180℃,预热完成后在面包表面涂上蛋液,然后烤制18分钟。

7. 装饰

将面包放在冷却器上,去热降温后撒上糖霜。

炼乳牛奶面包

Condensed milk Bread

在稍甜的面胚上撒上珍珠砂糖，制作味道超棒的面包。

食材（6个的量）

设定	【面胚食材】	
菜单第15号 （面包面胚）	高筋面粉	200g
	盐	1g
葡萄干 无	炼乳	50g
	黄油	20g
	水	115g
	干燥酵母粉	3g

【装饰材料】
酸奶酪 …… 适量
珍珠砂糖 …… 适量

做法

1. 制作面胚

将【面胚食材】放入面包箱，酵母粉放入发酵容器中。参考食材左侧的"设定"，设置面包机，然后启动。完成后，取出面胚，用手轻轻揉压排出气体，切分成6个，然后搓圆，盖上湿布后醒发8分钟。

2. 成形

❶ 撒上手粉，用手挤压数次排出气体，面向面胚中间，按照下半部分、上半部分的顺序折叠，然后粘上。

❷ 再对折，牢牢压住黏紧。

❸ 用单手轻轻滚动面胚，伸展成30cm的棍状。将面胚卷在食指上。

3. 发酵

❹ 做成8字形状，抽出食指，将面胚另一端穿入结圈中，再放入铺有烘焙纸的烤板上。同样方法做5个。

将烤箱的发酵功能设定为40℃，使面包发酵30分钟。

4. 润色后在烤箱中烤制

将烤箱预热到180℃，预热完成后在面包表面涂上酸奶酪，撒上珍珠砂糖，烤13分钟。

关键

用酸奶装饰

一般来说，为了使面包显出光泽，会在润色时涂上蛋液。没有鸡蛋时，可以使用酸奶酪和牛奶代替。因为酸奶酪是固体，所以使用刷子的话会隐隐地留有痕迹在面胚上，从而烤出色泽饱满的面包。

槭糖
核桃面包
Maple Walnut Bread

放入大量的槭糖浆，比平时的核桃面包烤制得更细腻。

食材（6个份）

【面胚食材】

高筋面粉	……………	200g
盐	……………	1g
槭糖浆	……………	50g
黄油	……………	25g
鸡蛋	……………	15g
水	……………	95g
干燥酵母粉	……………	3g

【放入葡萄干·坚果容器的食材】

烤核桃	……………	50g

设定

菜单第 15 号
（面包面胚）

葡萄干
有

做法

1. 制作面胚

将【面胚食材】放入面包箱，酵母粉放入发酵容器中，核桃放入葡萄干·坚果容器中，参考食材右侧的"设定"，设置面包机，然后启动。完成后，取出面胚，用手轻轻揉压排出气体，切分成6个，然后搓圆，盖上湿布然后醒发8分钟。

2. 成形

❶撒上手粉，用手挤压几次排出气体，将面胚搓成圆形。

❷牢牢捏住面胚内侧封紧，用手压平。

❸用剪刀在面胚上竖着剪出三个口子。

3. 发酵

❹然后再横着在侧面剪出三个口子，将面胚放入铺有烘焙纸的烤板上。同样方法做5个。

将烤箱的发酵功能设定为40℃，使面包发酵30分钟。

4. 在烤箱中烤制

将烤箱预热到180℃，预热完成烤13分钟。

关键

葡萄干·坚果容器

如果是没有葡萄干·坚果容器的机器型号，就在启动10分钟后直接放入面包箱。

草莓甜瓜面包
Strawberry Melon Bread

稍带粉色的甜瓜面包。
在面胚中加入草莓味巧克力屑的奢侈做法！！

▽ 食材（6个份）

【面胚食材】

高筋面粉 …… …… ……	200g
盐 …… …… …… ……	2g
砂糖 …… …… ……	35g
黄油 …… …… ……	25g
鸡蛋 …… …… ……	20g
水 …… …… ……	110g
干燥酵母粉 …… ……	3g

【成形用食材】

草莓味巧克力屑 ……	60g
细砂糖 …… …… ……	适量

饼干素坯

黄油 …… …… ……	30g
砂糖 …… …… ……	50g
蛋液 …… …… ……	30g
全麦粉 …… …… ……	100g
发酵粉 …… …… ……	2g
草莓粉 …… …… ……	10g
牛奶 …… …… ……	25g

设定
菜单第 15 号
（面包面胚）

葡萄干
无

 制作面包用的食材
草莓粉

将草莓粉加入到饼干素坯中来制作饼干。虽说是草莓粉但是也有很多种类。根据种类的不同，素坯可能会粘黏，所以请务必使用冷冻干燥的草莓果肉打成粉状的草莓粉。

▽ 预先准备

制作饼干素坯

❶ 在碗里放入室温状态的黄油，并熬至柔软。然后加入砂糖搅拌至白色，再将蛋液每次倒入1/3的量搅拌。

❷ 在塑料袋中加入全麦粉、发酵粉、草莓粉然后筛滤。再放到步骤1的碗中，用橡胶刮刀用力混合。

❸ 加入牛奶后揉制面胚，放在保鲜膜上包好，边用手轻轻挤压边抻成2cm厚，再放入冰箱冷却30分钟。

▽ 关键
面粉用塑料袋筛滤

筛滤方法非常简单。将全麦粉、发酵粉、草莓粉放入塑料袋中，装入大量空气后拧紧，然后上下晃动筛滤。

●●●

▽ 做法

1. 制作面胚

将【面胚食材】放入面包箱，酵母粉放入发酵容器中，参考食材右侧的"设定"，设置面包机，然后启动。完成后，取出面胚，分别用手轻轻揉压排出气体，切成分成6个，分别搓成圆形，盖上湿布然后醒发8分钟。

2. 成形

❶ 将预先准备中做好的饼干素坯分成6等份。

❷ 用手搓圆后放在保鲜膜上，撒上手粉后用手挤压，抻成直径8cm的圆形。

❸ 撒上手粉，用手将面胚按压数次，排出气体，再抻成圆形，最后在面胚中间放入10g的巧克力粉。

❹ 将面胚从下往上聚拢包紧，牢牢抓住后封紧。

❺ 将封口朝下，然后把步骤2的饼干素坯盖在上面，轻轻按压使面胚和饼干素坯粘在一起。

❻ 将面胚翻过来，牢牢抓住面包面胚，边排除气体，边拧紧封口。

❼ 在饼干素坯的表面涂满细砂糖。

3. 发酵

❽ 用刮板在饼干素坯表面划上6条左右的纹路，再放入铺有烘焙纸的烤板上。同样方法做5个。

4. 在烤箱中烤制

将烤箱的发酵功能设定为35℃，使面包发酵30分钟。

将烤箱预热到170℃，预热完成烤14分钟。

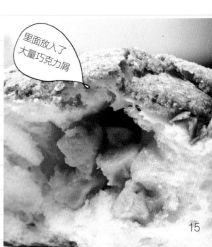

里面放入了大量巧克力屑

巧克力蛋奶糕面包
Chocolate Custard cream Bread

加入了大量巧克力蛋奶糕的巧克力面包。
面胚里也加入可可粉，全都是巧克力！

▽ **食材（6 个份）**

【面胚食材】

高筋面粉 …………	200g
可可粉 …………	15g
盐 …………	1g
砂糖 …………	40g
黄油 …………	20g
鸡蛋 …………	10g
水 …………	140g
干燥酵母粉 …………	3g

【成形用食材】
巧克力蛋奶糕

┌ 牛奶 …………	170g
鸡蛋 …………	30g
砂糖 …………	40g
全麦粉 …………	15g
可可粉 …………	10g
└ Couverture巧克力 …	30g

【装饰材料】

蛋液 …………	适量
杏仁片 …………	适量

设定
菜单第 15 号
（面包面胚）
葡萄干
无

▼ 制作面包用的食材
Couverture巧克力

这是一款在制作点心等的润色环节常使用的巧克力。内含丰富的可可粉黄油，味道层次丰富，十分香醇可口。使用这款巧克力制作的巧克力蛋奶糕口感极佳。当然，也可以代替使用等量的巧克力屑。

▽ 预先准备

做巧克力蛋奶糕

❶ 将牛奶放入锅中加热,使其保持不沸腾的温度。

❷ 在碗中放入鸡蛋、砂糖,用打蛋器搅拌。

❸ 将全麦粉、可可粉筛滤后放入,再搅拌。

❹ 将步骤1的牛奶分3回加入,搅拌均匀。

❺ 在锅中放入步骤4的食材,开小中火再用橡胶刮刀搅拌。成黏糊状沸腾后关火。

❻ 加入巧克力搅拌,用锅的余热使巧克力融化。融化后放入平盘摊平。

❼ 在表面盖上保鲜膜,放入装有冰水的平盘中冷却。

▽ 关键
搅拌至沸腾

把奶油搅拌至能从锅底揭下来的程度。因为使用了牛奶、生鸡蛋,所以从卫生上考虑,必须搅拌到产生噗噗噗声音的沸腾程度。

▽ 做法

1. 制作面胚

将【面胚食材】放入面包箱,酵母粉放入发酵容器中。参考食材右侧的"设定",设置面包机,然后启动。完成后,取出面胚,用手轻轻揉压排出气体,切分成6个,然后搓成圆形,盖上湿布然后醒发8分钟。

2. 成形

❶ 撒上手粉,用手将面胚反复揉压几次排出气体后,用擀面杖将面胚擀成长13cm×宽10cm的椭圆形。

❷ 将巧克力蛋奶糕切成6等份,在面胚上部放上其中一份,然后对折,牢牢按住封好。

▽ 关键
面胚的按压方法

为了不让巧克力蛋奶糕露出来,双手摆成三角形,牢牢按压住面胚的边缘。奶油是不会向外流出来的,所以即使没有封紧,按压也不会使其露出来。

3. 发酵

❸ 在呈现半圆的面胚边缘,用刮板划出3个口子,放置在铺有烘焙纸的烤板上。同样方法做5个。

将烤箱的发酵功能设定到40℃,发酵30分钟。

4. 发酵完成,在烤箱中烤制

将烤箱预热到180℃,预热完成后在面包表面涂上蛋液,上面放上杏仁片,然后烤制13分钟。

奶油面包的成败就在这个球状上!

黑麦牛奶面包
Rye Milk Bread

在黑麦中加入大量酸奶酪和牛奶搅拌而成。
这是一款有着松软口感的可口面包。

▽ 食材（2个份）

【面胚食材】

高筋面粉………………	160g
黑麦（粗颗粒）……	40g
盐………………………	3g
砂糖……………………	30g
酸奶酪…………………	50g
牛奶……………………	100g
干燥酵母粉……………	3g

设定
菜单第15号（面包面胚）
葡萄干 无

▽ 关键
发酵的大致时间

让模具内的面包完全发酵。发酵后能够膨胀到模具容量的9成就可以了。如果没有膨胀到9成的话，就需要以5分钟为单位，进行再次发酵，然后看看面胚的状态。

▽ 做法

1. 制作面胚

将【面胚食材】放入面包箱，酵母粉放入发酵容器中。参考食材下的"设定"，设置面包机，然后启动。完成后，取出面胚，用手轻轻揉压排出气体，切分成6个，然后搓成圆形，盖上湿布然后醒发10分钟。

2. 成形

❶ 撒上手粉，用手将面胚反复揉压几次排出气体，搓成圆形后，牢牢抓住面胚的背面封口。

❷ 在涂有黄油（份量外）的吐司模具中将面胚按照封口向下的形式三个并排放入。

3. 发酵

❸ 用刮板竖着切一道口子（直至刮板触碰到吐司模具的底部），然后把吐司模具放在烤板上。同样方法再做一个。

将烤箱的发酵功能设定到40℃，发酵40分钟左右，使面胚膨胀到吐司模具的9成左右。

4. 发酵完成，在烤箱中烤制

将烤箱预热到190℃，预热完成后在面包表面喷上喷雾，然后烤制16分钟。

※ 本书使用了长17.5cm×宽8cm×高6cm的吐司模。

椰仁黄油面包

Coconut Butter Bread

这是一款面胚中揉入椰仁、面胚表皮也撒满椰仁的面包。

▽ 食材（6个份）

【面胚食材】

高筋面粉	180g
盐	2g
砂糖	30g
黄油	30g
椰仁粉	20g
牛奶	100g
水	35g
干燥酵母粉	3g

【成形用食材】

椰仁牛奶粉	适量

设定

菜单第 15 号
（面包面胚）

葡萄干
无

▽ 做法

1. 制作面胚

将【面胚食材】放入面包箱,酵母粉放入发酵容器中。参考食材右侧的"设定",设置面包机,然后启动。完成后,取出面胚,用手轻轻按压排出气体,切分成6个,然后搓成圆形,盖上湿布然后醒发8分钟。

2. 成形

❶ 撒上手粉,用手把面胚反复揉压几次排出气体,朝着面胚中心按照下半部分、上半部分的顺序折叠,然后粘合。

❷ 再对折,牢牢抓住封口,用单手轻轻地滚动抻成30cm的棍状。

❸ 打个结,将面胚的头尾粘合在一起,做三个圆圈的样子,然后整理形状。同样的方法做5个。

3. 发酵

❹ 将椰仁牛奶粉撒满面胚的两面,然后放在铺有烘焙纸的烤板上。

4. 在烤箱中烤制

将烤箱的发酵功能设定到40℃,发酵30分钟。

将烤箱预热到170℃,预热完成后烤制13分钟。

✧ 制作面包用的食材

2种不同的椰仁

将椰仁细粉揉入面胚中,将少量颗粒细的椰仁牛奶粉撒在面胚的周边。因为颗粒较细,所以即使不加蛋液和水也能够轻易地覆在面胚表面。

橙子面包
Orange Bread

在甜甜的布里欧修上放上橙子，烤制而成的面包。
外表华丽，口味清新！

❤ 食材（5个份）

【面胚食材】

高筋面粉⋯⋯⋯⋯	200g
盐⋯⋯⋯⋯⋯⋯⋯	2g
砂糖⋯⋯⋯⋯⋯⋯	20g
黄油⋯⋯⋯⋯⋯⋯	40g
蛋黄⋯⋯⋯⋯⋯⋯	1个
橙汁⋯⋯⋯⋯⋯⋯	90g
水⋯⋯⋯⋯⋯⋯⋯	30g
干燥酵母粉⋯⋯⋯	3g

【放入葡萄干·坚果容器的食材】
橙子皮(切碎)⋯ 40g

【装饰材料】

蛋液⋯⋯⋯⋯⋯⋯	适量
细砂糖⋯⋯⋯⋯⋯	5小勺
橙子⋯⋯⋯⋯⋯⋯	1个

设定
菜单第15号
（面包面胚）

葡萄干
有

❤ 制作面包用的食材
橙汁和水

用果汁代替调面用水加入到面胚中，使面胚稍稍染色，并且带有果汁的清香。如果调面用水只有果汁的话，可能会出现酵母粉无法完全溶解的情况，所以不仅要使用果汁，也要适当加一些水，使酵母粉充分溶解。

❤ 预先准备

切橙子

剥掉橙子皮，切成5等份的薄圆片。

1. 制作面胚

将【面胚食材】放入面包箱，酵母粉放入发酵容器中，橙子皮放入葡萄干·坚果容器。参考食材右侧的"设定"，设置面包机，然后启动。完成后，取出面胚，用手轻轻揉压排出气体，切分成5个，然后搓成圆形，盖上湿布然后醒发8分钟。

2. 成形

这种感觉

❶ 撒上手粉，用手将面胚反复揉压几次排出气体，搓成圆形后，牢牢抓住面胚的背面封口。

❷ 用擀面杖将面胚擀成直径9cm的圆形，放在铺有烘焙纸的烤板上。同样方法做4个。

3. 发酵

将烤箱的发酵功能设定到40℃，发酵30分钟。

4. 润色后在烤箱中烤制

❶ 将烤箱预热到180℃，预热完成后在面包表面涂上蛋液，用叉子在9个地方扎孔。

❷ 每个面胚撒上1小勺细砂糖，然后在上面放一片橙子，轻轻按压，烤制14分钟。

❤ 关键
烤制完成的信号

烤制之前用叉子在面胚上扎孔，以此来防止橙子从面胚上掉落。面胚的膨胀性很强，可能会出现橙子从上面滑落的情况，然而这并不代表失败，所以请放心。

小仓馅黄油面包
Bean jam Butter Bread

足量的馅和黄油让面包份量上一个等级！
一个就满足！

食材（6个份）

【面胚食材】

高筋面粉	200g
盐	2g
砂糖	40g
黄油	30g
鸡蛋	20g
水	110g
干燥酵母粉	3g

【成形用食材】

圆粒豆馅	300g

【装饰材料】

蛋液	适量
黄油	18g

设定
菜单第 15 号（面包面胚）

葡萄干 无

做法

1. 制作面胚

将【面胚食材】放入面包箱，酵母粉放入发酵容器中。参考食材下方的"设定"，设置面包机，然后启动。完成后，取出面胚，用手轻轻揉压排出气体，切分成6个，然后搓成圆形，盖上湿布然后醒发8分钟。

2. 成形

❶撒上手粉，用手反复揉压几次面胚排出气体，用擀面杖擀出直径10cm的圆形。将分成6等份的圆粒馅料放一个在中间。

❷双手从面胚下面聚拢往上包，牢牢抓住封口，将封口朝下放入铺有烘焙纸的烤板上，再用手轻轻地按压。同样方法做5个。

3. 发酵

将烤箱的发酵功能设定到40℃，发酵30分钟。

4. 润色后在烤箱中烤制

❶将烤箱预热到180℃，预热完成后在面包表面涂上蛋液，用剪刀在中间剪出口子。

❷在口子上分别放入3g黄油，然后烤制13分钟。

巧克力面包
Chocolate Bread

足量的巧克力带来浓郁香淳的味道。
制作非常简单，因此也推荐给面包烘焙初学者。

▽ 食材（2根份）

【面胚食材】

高筋面粉	200g
可可粉	20g
盐	2g
蜂蜜	30g
鸡蛋	20g
水	120g
甘纳许巧克力奶油	
	适量
干燥酵母粉	3g

【制作甘纳许巧克力奶油食材】

巧克力	30g
黄油	30g

设定

菜单第 15 号
（面包面胚）

葡萄干
无

▽ 预先准备

做甘纳许巧克力奶油

在耐热容器中放入【甘纳许巧克力奶油食材】，不盖保鲜膜，使用微波炉加热50秒左右，融化后搅拌，再冷却至室温。

▽ 做法

1. 制作面胚

将【面胚食材】放入面包箱，酵母粉放入发酵容器中。参考食材右侧的"设定"，设置面包机，然后启动。完成后，取出面胚，用手轻轻揉压排出气体，切分成8个，然后搓成圆形，盖上湿布然后醒发8分钟。

2. 成形

❶ 撒上手粉，用手把面胚反复揉压几次排出气体。

❷ 搓成圆形，牢牢抓住面胚的背面封口。同样方法做7个。

❸ 将面胚按照封口向下的形式4个并排放入涂上黄油（份量外）的吐司模具中，然后放在烤板上。同样方法再做一个。

3. 发酵

将烤箱的发酵功能设定到40℃，发酵40分钟。

4. 润色完后 在烤箱中烤制

将烤箱预热到190℃，预热完成后在面包表面喷上喷雾，然后烤制15分钟。

✄ 关键
在吐司模具中放入面胚的方法

在吐司模具中放入面胚的时候，建议从最中间开始放入。这样的话就可以大致估算放入位置，然后在模具内均等地放入面胚。

※本书使用了长17.5cm×宽8cm×高6cm的吐司模具。

砂糖炸糕
Sugar Beignet

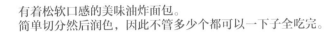

有着松软口感的美味油炸面包。
简单切分然后润色，因此不管多少个都可以一下子全吃完。

▽ 食材（8个份）

【面胚食材】
高筋面粉…………140g
全麦粉……………40g
杏仁粉……………20g
盐…………………2g
砂糖………………30g
黄油………………20g
牛奶………………135g

干燥酵母粉………3g

【装饰材料】
面包圈砂糖
上等白砂糖………5大勺
细砂糖……………5大勺

设定
菜单第15号（面包面胚）
葡萄干 无

▽ 制作面包用的食材
面包圈砂糖

将上等白糖和细砂糖装入可放入两个炸糕大小的塑料袋中，然后混合。在炸糕上涂满砂糖的诀窍就是控制温度。等到炸糕变成可以用手触碰的温度时，放入塑料袋中，就可以将面包圈砂糖完美地涂在面包表皮上。

▽ 做法

1. 制作面胚

将【面胚食材】放入面包箱，酵母粉放入发酵容器中。参考食材右侧的"设定"，设置面包机，然后启动。完成后，取出面胚。

※请注意这个面包无需像其他面包那样用手按压、用擀面杖挤压来排出气体。

2. 成形

❶用手拿着面包的两端，尽量不使面包排出气体（不挤压面胚）地将面胚抻成长20cm×宽15cm的长方形。

❷用刮板分成8等份。

这种感觉

3. 在室温下发酵

为了让面胚不粘住烤板，在铺有干燥布巾的烤板上放上8个面胚，然后盖上湿布在室温状态下发酵15分钟。

4. 油炸

❶在加热到160℃的油炸食油（份量外）中，表面朝下放入面胚，然后炸2分钟。

❷翻面再炸2分钟。

5. 润色

在塑料袋中放入面包圈砂糖，将步骤2的炸糕放入其中涂满砂糖。

为了做出松软的炸糕，尽可能不让面胚排出气体。

甜点面包
Sweet Bread

使用细砂糖和糖粉两种。
撒满糖的面包表皮非常可爱，作为礼物再合适不过了。

▽ 食材（5个份）

设定	【面胚食材】	
菜单第15号 （面包面胚）	高筋面粉	200g
	盐	2g
	砂糖	40g
葡萄干 无	黄油	25g
	鸡蛋	20g
	水	110g
	干燥酵母粉	3g

【装饰材料】
细砂糖 …………… 2.5小勺
糖粉 ……………… 适量

▽ 做法

1. 制作面胚

将【面胚食材】放入面包箱，酵母粉放入发酵容器中。参考食材左侧的"设定"，设置面包机，然后启动。完成后，取出面胚，用手轻轻揉压排出气体，切分成5个，然后搓成圆形，盖上湿布然后醒发8分钟。

2. 成形

这种感觉

❶ 撒上手粉，用手把面胚反复揉压几次排出气体，搓成圆形后，牢牢抓住面胚的背面封口。

❷ 用擀面杖将面抻成直径9cm的圆形。撒上手粉，将面胚对折。留下上面的1cm不切，在边缘切口子。

❸ 在切口处沾上细砂糖然后展开。

3. 发酵

❹ 反方向再对折，同样切口子，在上面沾上细砂糖。同样方法做4个。

在铺有烘焙纸的烤板上展开面胚放置好，然后将烤箱的发酵功能设定到40℃，发酵30分钟。

4. 润色完，在烤箱中烤制

将烤箱预热到180℃，预热完成后在面包表皮每次撒上1/2小勺的细砂糖，再撒上糖粉，然后烤制13分钟。

▽▽ 关键
细砂糖

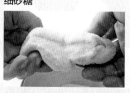

在切口上沾细砂糖，可以防止面胚在发酵过程中粘黏，由此做出有漂亮十字的面包。

巧克力香蕉面包
Chocolate Banana Bread

使用了超大份量的巧克力屑。
淡淡的香蕉味是重点。

食材（6个份）

【面胚食材】

高筋面粉	200g
可可粉	5g
盐	2g
砂糖	25g
黄油	30g
香蕉（捣烂）	60g
水	90g
干燥酵母粉	3g

【成形用食材】

巧克力屑	60g

设定

菜单第 15 号
（面包面胚）

葡萄干
无

做法

1. 制作面胚

将【面胚食材】放入面包箱，酵母粉放入发酵容器中，参考食材右侧的"设定"，设置面包机，然后启动。完成后，取出面胚，用手轻轻揉压排出气体，切分成6个，然后搓成圆形，盖上湿布然后醒发8分钟。

2. 成形

❶ 撒上手粉，用手将面胚反复揉压几次排出气体，在面胚中央放入10g的巧克力屑。

❷ 从身前一层一层地朝外卷，牢牢抓住面包卷的接口封好。

这种感觉

❸ 用单手轻轻地滚动，抻成15cm的棍状。

3. 发酵

❹ 用刀在面胚表面划5~6处口子，然后放在铺有烘焙纸的烤板上。同样方法做5个。

4. 在烤箱中烤制

将烤箱的发酵功能设定到35℃，发酵30分钟。

将烤箱预热到180℃，预热完成后烤制13分钟。

巧克力和香蕉天生一对！！

让我们来制作使用全麦粉的高档面包吧！

全麦粉被认为是营养价值非常高的面粉。它的特征是可以将味道做得很丰富。为了能够体现面粉的风味，更多的是以朴素的搭配（尽可能简单的食材）来制作，但是这次，让我们将三种面包制作得更甘甜美味吧！

搭配足量的
黄油来挑战！

首先制作香喷喷的黄油面包。因为加入了大量黄油来制作，所以细腻甘甜的同时也能使面包松松软软。

Step:1　黄油面包
Whole Wheat flour Butter Bread

▽食材（6个份）

【面胚食材】

高筋面粉	180g
面包用全麦粉（粗颗粒）	20g
盐	3g
砂糖	20g
黄油	40g
水	135g
干燥酵母粉	3g

【装饰材料】

细砂糖	6小勺
黄油	6g

做法

1. 制作面胚

将【面胚食材】放入面包箱，酵母粉放入发酵容器中。设置"菜单第15号（面包面胚）"，然后启动。完成后，取出面胚，用手轻轻揉压排出气体，切分成6个，然后搓成圆形，盖上湿布然后醒发8分钟。

2. 成形

❶撒上手粉，用手把面胚反复揉压几次排出气体，将面包左手前半部分的面胚斜着折，再将右手边的也斜着折，然后粘合做成扇形。

3. 发酵

这种感觉

❷ 从身前开始向外卷,封好面胚卷的接口处,用手整理面胚两端,放入铺有烘焙纸的烤板上。同样方法做5个。

将烤箱的发酵功能设定到40℃,发酵30分钟。

4. 发酵完成,在烤箱中烤制

❶ 将烤箱预热到180℃,预热完成后用剪刀剪出一个口子。

❷ 在每个开口上放入1小勺细砂糖,然后在上面放上1g黄油,烤制13分钟。

使用在点心制作中常见的圆形蛋糕模具来制作。放入大量橙汁和橙子皮，做成兼具全麦粉清香和橙子酸味的美味面包。面包表皮撒满的细砂糖为更香醇的口味加分。

Step:2
橙子面包
Whole wheat flour Orange Bread

▽ 食材（4个份）

【面胚食材】

高筋面粉	160g
面包用全麦粉（细颗粒）	40g
盐	2g
砂糖	20g
黄油	30g
橙汁	80g
水	50g
干燥酵母粉	3g

【放入葡萄干·坚果容器的食材】

橙子果皮（切碎）	40g

【成形用食材】

细砂糖	适量

▽ 做法

1. 制作面胚

将【面胚食材】放入面包箱，酵母粉放入发酵容器中，橙子皮放入葡萄干·坚果容器。设置"菜单第15号（面包面胚）""有葡萄干"，然后启动。完成后，取出面胚，用手轻轻揉压排出气体，切分成12个，然后搓成圆形，盖上湿布然后醒发5分钟。

2. 成形

❶ 撒上手粉，用手将面胚反复揉压几次排出气体，搓成圆形后，牢牢抓住面胚的背面封口。同样方法做11个。

❷ 在面胚表面涂满细砂糖。

❸ 在铺有烘焙纸的烤板上放上4个涂有黄油（份量外）的圆形蛋糕模具，然后每个模具中放入3个面胚。

3. 发酵

将烤箱的发酵功能设定到40℃，发酵30分钟。

4. 在烤箱中烤制

※将烤箱预热至180℃，预热完成后烤制14分钟。

※本书使用了直径9cm×高3cm的圆形蛋糕模具。

做出不同与众的高档面包

平常的葡萄干面包使用较朴素的食材,但是这款面包将使用大量黄油和砂糖来制作。
虽然外表像是普通的葡萄干面包,但是吃一口就能感受到极其细腻的风味。

Step:3
葡萄干面包
Whole wheat flour Raisin Bread

▽ 食材（2个份）

【面胚食材】

高筋面粉	160g
全麦粉	40g
盐	2g
砂糖	35g
黄油	50g
鸡蛋	20g
水	105g
干燥酵母粉	3g

【放入葡萄干·坚果容器的食材】

葡萄干	60g

（用水浸泡后取出控干水分）

▽ 做法

1. 制作面胚

将【面胚食材】放入面包箱,酵母粉放入发酵容器中,葡萄干放入葡萄干·坚果容器。设定"菜单第15号(面包面胚)""有葡萄干",然后启动。完成后,取出面胚,用手轻轻揉压排出气体,切分成2个,然后搓成圆形,盖上湿布然后醒发8分钟。

2. 成形

这种感觉

❶ 撒上手粉,用手将面胚反复揉压几次排出气体,对着面胚中间按照下半部分、上半部分的顺序折叠,再粘上。

❷ 再对折,牢牢抓住封口,轻轻滚动塑形,再放入铺有烘焙纸的烤板上。同样方法再做一个。

3. 发酵

用剪刀在面胚表面剪出Z字形,将烤箱的发酵功能设置在40℃,发酵30分钟。

4. 在烤箱中烤制

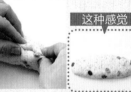

将烤箱预热到180℃,预热完成后烤制16分钟。

和黄油完美搭配。

31

水果咕咕霍夫
Fruits Kouglof

在圣诞节制作的咕咕霍夫，
像蛋糕一样切分品尝。

▽ 食材（2个份）

【面胚食材】

高筋面粉… … …	200g
盐… … … …	2g
砂糖… … …	20g
黄油… … …	45g
蛋黄… … …	1个
脱脂奶粉… …	10g
水… … … …	110g
干燥酵母粉… … …	3g

【成形用食材】

软化黄油… … …	适量
细砂糖… … …	4小勺
什锦葡萄干… …	60g

【预先准备中使用的食材】

黄油… … …	适量
杏仁片… … …	20g
（用水浸泡后取出控干水分）	

设定
菜单第15号
（面包面胚）

葡萄干
无

▽ 制作面包使用的道具
咕咕霍夫模具

本书使用了2个直径14cm×高8cm的咕咕霍夫模具。在点心制作和面包制作中常用的咕咕霍夫模具一般是直径14~18cm的类型，但是最近只有一半大小的迷你型也非常受欢迎。

▽ 预先准备

咕咕霍夫模具的填装

在咕咕霍夫模具上涂抹黄油，然后将杏仁放在底部。

▽ 做法

1. 制作面胚

将【面胚食材】放入面包箱，酵母粉放入发酵容器中。参考食材右侧的"设定"，设置面包机，然后启动。完成后，取出面胚，用手轻轻揉压排出气体，切分成2个，然后搓成圆形，盖上湿布然后醒发10分钟。

2. 成形

❶ 撒上手粉，用手将面胚反复揉压几次，再用擀面杖擀成长20cm×宽15cm的长方形，在除面胚上面1cm以外的地方涂上软化黄油，然后上面撒上2小勺细砂糖，放上30g什锦葡萄干。

这种感觉

❷ 从身前开始一层一层地向外卷，牢牢抓住面胚卷的接口处封口，再用单手轻轻地滚动成23cm长的棍状。

3. 发酵

❸ 将封口朝内侧，再放入咕咕霍夫模具中，用手向下压，使接口处的面胚粘在一起，再将模具放在烤板上。同样方法再做一个。

将烤箱的发酵功能设定到40℃，发酵40分钟。

4. 在烤箱中烤制

将烤箱预热到190℃，预热完成后烤制13分钟。降温后从模具中取出。

▽ 关键
面胚的接口

将面包从咕咕霍夫模具中取出时，为了达到看不到面胚接口的效果，必须用手按压面胚和面胚的接口处，使其黏合。

香草布里欧修
Vanilla Brioche

加入大量香草豆的布里欧修面包，
浓郁香甜的味道让人无法拒绝！

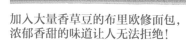食材（6个份）

【面胚食材】

法式面包专用粉 … 200g
盐 … … … … … … 2g
砂糖 … … … … … 25g
蛋黄 … … … … … 2个
黄油 … … … … … 60g
水 … … … … … … 50g
香草牛奶 … … 全部重量

干燥酵母粉 … … … … 2g

香草牛奶
┌ 牛奶 … … … … … 50g
└ 香草豆 … … … 1/2根

【装饰材料】
蛋液 … … … … … 适量

设定
菜单第 15 号
（面包面胚）

葡萄干
无

制作面包用的食材
布丁模具

一般是使用布里欧修面包模具来烘焙，但本书替代使用了直径7.6cm×高4cm的布丁模具。将烘焙纸剪成13cm的正方形，然后在四个角剪出口子，再放入布丁杯模具中使用。

▽ 预先准备

将香草豆的豆子取出,制作香草牛奶

❶ 将牛奶、香草豆放入锅中开火煮。

❷ 当香草豆的豆荚变软后,切开豆荚,取出里面的豆子。

❸ 将香草豆的豆子和豆荚放回步骤1的锅中,仔细混合搅拌。

❹ 倒入容器中,将豆荚取出后再称重。即加入50g的部分,再充分冷却。

▽ 做法

1. 制作面胚

将【面胚食材】放入面包箱,酵母粉放入发酵容器中。参考食材右侧的"设定",设置面包机,然后启动。完成后,取出面胚,用手轻轻揉压排出气体,切分成6个,然后搓成圆形,盖上湿布然后醒发8分钟。

2. 成形

❶ 撒上手粉,用手将面胚反复揉压几次排出气体,搓成圆形后,牢牢抓住面胚的背面封口。

手粉

❷ 在手掌小指的侧面和距离面胚右边缘1/3的地方撒上手粉。

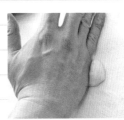

❸ 面胚封口朝左横向放置,用手掌的小指侧面从距离面胚右侧边缘1/3的位置开始向下挤压。

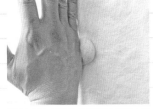

❹ 前后移动手掌,在面胚被切断之前将面胚做成2段。

这种感觉

❺ 做成一边小一边大中间细的葫芦形状。

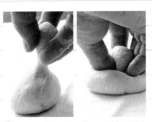

❻ 将小的拿起,往下放,用力按压到大的面胚上,使面胚紧紧黏在一起。

❼ 整理形状。

3. 发酵

❽ 放入铺有烘焙纸的布丁杯模具中,再将模具放在烤板上。同样方法做5个。

将烤箱的发酵功能设定到35℃,发酵30分钟。

4. 发酵完成,在烤箱中烤制

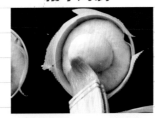

将烤箱预热到180℃,预热完成后在面包表面涂上蛋液,然后烤制13分钟。

▽ 关键

做成顶部带凸起的布里欧修面包(atedo)

本次学习的布里欧修面包叫做atedo(顶部带凸起的布里欧修面包)。为了能做出漂亮的atedo,在步骤6中,将面胚粘合在一起时,要像照片中那样,使劲按压直到从面胚底侧可以看见手指为止。

可可果子甜面包
Cacao Stollen

说到圣诞节的面包，就是果子甜面包了。
制作巧克力味十足且味道层次丰富的面胚，然后品尝吧。

▽ 材料（2个份）

【面胚食材】

法式面包专用粉 …	200g
可可粉 …	20g
盐 …	2g
细砂糖 …	40g
黄油 …	50g
鸡蛋 …	50g
牛奶 …	55g
水 …	30g
干燥酵母粉 …	1g

【放入葡萄干·坚果容器的食材】

烤核桃 …	50g
巧克力屑 …	50g

【装饰材料】

牛奶 …	适量
白兰地 …	适量
软化黄油 …	适量
上等白糖 …	适量
糖粉 …	适量

设定
菜单第15号
（面包面胚）

葡萄干
无

▽ 关键
多次烤制的理由

果子甜面包原本是用于长期保存的面包。通过反复烤制以及加入白兰地烘焙，可以使果子甜面包更易长期保存。另外味道随着时间流逝，会变得更细腻浓厚。可以切成薄片一点点品尝。

▽ 做法

1. 制作面胚

将【面胚食材】放入面包箱,酵母粉放入发酵容器中,核桃和巧克力屑放入葡萄干·坚果容器。参考食材右侧的"设定",设置面包机,然后启动。完成后,取出面胚,用手轻轻揉压排出气体,切分成2个,然后搓成圆形,盖上湿布然后醒发15分钟。

2. 成形

❶ 撒上手粉,用手挤压数次将气体排出,再用擀面杖擀成长18cm×宽15cm的长方形。

❷ 将身前的面胚卷成2卷,牢牢地压住。

成品是山形的。从面胚的一头开始紧紧地卷2次,再用指尖轻轻地按压做出堤形,使面胚卷的接口在成形、发酵、烤制过程中不散。

❸ 将面包朝里也卷2次用力按压。

❹ 拿着朝里卷的面胚使其和从身前卷的面胚叠在一起。

❺ 在中间撒上手粉。

❻ 用擀面杖牢牢擀压刚才撒手粉的地方。

3. 发酵

❼ 将两端向中间挤压,做成山形,然后放在铺有烘焙纸的烤板上。同样方法再做一个。

将烤箱的发酵功能设定到40℃,发酵30分钟。

4. 发酵完成,在烤箱中烤制

将烤箱预热到180℃,预热完成后在面包表面涂上牛奶,然后烤制15分钟。

5. 再次发酵完成,在烤箱中烤制

❶ 在面包表皮涂上白兰地,翻过来背面也涂上白兰地。

❷ 软化黄油也一样涂在表皮和背面两面上。

❸ 将面包放入装有上等白糖的塑料袋中,使面包全身都涂满上等白糖,然后放回烤板上。

❹ 撒上糖粉,再以180℃烤制10分钟。

6. 装饰

再用糖粉全部涂一遍。

芒果菠萝面包
Mango Pine Bread

这是一款有着足量芒果和菠萝的热带风味面包。
大量使用的大块水果令人吃惊。

▽ 材料（1个份）

【面胚材料】
高筋面粉… … … … 200g
盐… … … … … … … 2g
砂糖… … … … … … 15g
黄油… … … … … … 20g
芒果苹果汁… … …120g
牛奶… … … … … … 50g

干燥酵母粉… … … … 3g

【放入葡萄干·坚果容器的食材】
芒果干（切碎） … 60g

【成形用食材】
菠萝圆切片(罐装)…6片

【装饰材料】
蛋液… … … … … … 适量
珍珠砂糖… … … … 适量

设定
菜单第 15 号
（面包面胚）

葡萄干
有

▽ 关键

蛋糕模具

本书使用了直径18cm×高
6cm的圆形模具。为了面包更
易取出，可以在模具中涂上黄
油。建议用手来涂黄油，而不是
用刷子。细节处都要仔细涂好。

▽ 做法

1. 制作面胚

将【面胚食材】放入面包箱，酵母粉放入发酵容器中，芒果干放入葡萄干·坚果容器。参考食材右侧的"设定"，设置面包机，然后启动。完成后，取出面胚，用手轻轻揉压排出气体，切分成6个，然后搓成圆形，盖上湿布然后醒发8分钟。

2. 成形

❶ 撒上手粉，用手按压数次排出气体，搓成圆形后，牢牢抓住面胚背面封口。

这种感觉

❷ 用擀面杖擀成直径8cm的圆形。同样方法做5个。

❸ 将面胚放入涂有黄油（份量外）的模具中，然后在模具中放一片菠萝。将面胚和菠萝交替放置摆成一圈。

3. 发酵

❹ 全部放好后整理形状，放在烤板上。

将烤箱的发酵功能设定到40℃，发酵30分钟。

4. 润色后在烤箱中烤制

将烤箱预热到180℃，预热完成后在面包表面涂上蛋液，撒上珍珠砂糖，然后烤制25分钟。

简直就像蛋糕一样!!

黑糖香醇面包
Brown sugar Rich Bread

这是一款外表细腻、内部松软的香醇面包。

材料（6个份）

【面胚食材】

高筋面粉⋯⋯⋯⋯	200g
盐⋯⋯⋯⋯⋯⋯	3g
黑糖（粉）⋯⋯	50g
黄油⋯⋯⋯⋯	20g
水⋯⋯⋯⋯⋯	120g
干燥酵母粉⋯⋯	3g

【成形用食材】

软化黄油⋯⋯⋯	适量
黑糖（粉）⋯⋯	适量

设定

菜单第 15 号
（面包面胚）

葡萄干
无

做法

1. 制作面胚

将【面胚食材】放入面包箱，酵母粉放入发酵容器中。参考食材右侧的"设定"，设置面包机，然后启动。完成后，取出面胚，用手轻轻揉压排出气体，切分成6个，然后搓成圆形，盖上湿布然后醒发8分钟。

2. 成形

❶撒上手粉，用手把面胚反复揉压几次排出气体，朝着面胚中心按照下半部分、上半部分的顺序折叠，粘好。

❷再对折，牢牢抓住封口。

这种感觉

❸单手轻轻地滚动抻成12cm的棍状。同样方法做5个。

3. 发酵

❹涂上软化黄油，在整个面胚上都撒满黑糖，再放在铺有烘焙纸的烤板上。

将烤箱的发酵功能设定到40℃，发酵40分钟。

4. 在烤箱中烤制

将烤箱预热到180℃，预热完成后烤制13分钟。

关键
热狗面包

纺锤形的面包我们叫做热狗面包。热狗面包的发酵时间要长达40分钟。因为润色环节不会在面包上划口子，如果发酵时间短的话，烤制过程中热力无法从面包底部排出来，从而导致面胚底部裂开，发酵时间长正是为了避免这一点。

巧克力
贝果面包
Chocolate Bagel

满满的巧克力屑和蔓越莓，
香甜中的酸酸的味道，让人上瘾。

食材（4个份）

【面胚食材】

高筋面粉……………	200g
可可粉……………	15g
盐……………	2g
砂糖……………	10g
水……………	140g
干燥酵母粉……………	1g

【成形用食材】

巧克力屑……………	40g
蔓越莓……………	60g

设定
菜单第 15 号
（面包面胚）

葡萄干
无

做法

1. 制作面胚

将【面胚食材】放入面包箱，酵母粉放入发酵容器中。参考食材右侧的"设定"，设置面包机，然后启动。完成后，取出面胚，用手轻轻揉压排出气体，切分成4个，然后搓成圆形，盖上湿布然后醒发15分钟。

2. 成形

❶ 撒上手粉，用手将面胚反复揉压几次，再用擀面杖擀成直径12cm的圆形，朝着面胚中心按照下半部分、上半部分的顺序折叠，粘好。

❷ 再用擀面杖擀成长7cm×宽18cm的长方形，在上面放上10g巧克力屑、15g蔓越莓，从身前开始一层一层向外卷，再封口。

↖ 将一侧压扁

❸ 单手轻轻地滚动抻成21cm的棍状，在手掌小指侧面将面胚一端的尖端压扁。

3. 室温下发酵

❹ 用压扁的面胚再将另一端的面胚包住，再用手滚动接口处使其黏合。放在铺有烘焙纸的烤板上。同样方法做3个。

盖上湿布，在室温状态下发酵15分钟。

4. 热水焯煮后，在烤箱中烤制

将烤箱预热到190℃，预热完成后，用加入了1大勺（份量外）细砂糖的开水（份量外）将面胚表面和内侧分别煮2分钟，再放回烤板上，烤制15分钟。

满满的蔓越莓和巧克力屑

抹茶奶油面包
Green tea cream Bread

陶醉于浓厚味道的抹茶奶油中，
终极松软的牛奶味面包。

▽ **食材（6个份）**

【面胚食材】
高筋面粉……………… 200g
抹茶粉…………………… 5g
盐………………………… 1g
砂糖…………………… 40g
黄油…………………… 30g
牛奶…………………… 50g
水……………………… 85g

干燥酵母粉…………… 3g

【成形用食材】
抹茶蛋奶糕

牛奶……………………	170g
鸡蛋……………………	30g
砂糖……………………	50g
全麦粉…………………	15g
抹茶粉…………………	5g
黄油……………………	15g

设定
菜单第 15 号
（面包面胚）

葡萄干
无

▽ **关键**
抹茶蛋奶糕

抹茶不使用制作点心、制作面包专用的种类，而使用商店里常见的抹茶粉也可以。当预先准备中做的奶油冷却后，用汤勺等估量分成6等份就好。这样烘焙工序会很有技巧地进行。

▽ 预先准备

做抹茶蛋奶糕

❶ 在锅中倒入牛奶加火煮至不沸腾的温度。

❷ 在碗中加入鸡蛋、砂糖,用打蛋器搅拌。

❸ 将全麦粉、抹茶粉筛滤放入后,再搅拌。

❹ 将步骤1的牛奶分3回加入,再搅拌。

❺ 在锅中过滤加入步骤4的食材,开小中火用橡胶刮刀搅拌。沸腾到出现粘稠物后,关火。

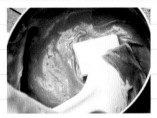

❻ 加入黄油搅拌,用余温使其融化。

❼ 融化后放入大盆中,将蛋奶糕摊平。

❽ 在面胚表面盖上保鲜膜,放入装有冰水的大盆中冷却。

▽ 做法

1. 制作面胚

将【面胚食材】放入面包箱,酵母粉放入发酵容器中。参考食材右侧的"设定",设置面包机,然后启动。完成后,取出面胚,用手轻轻揉压排出气体,切分成6个,然后搓成圆形,盖上湿布然后醒发8分钟。

2. 成形

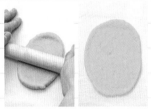

❶ 撒上手粉,用手把面胚反复揉压几次排出气体,用擀面杖擀成长13cm×宽10cm的椭圆形。

❷ 在面胚上半部分放上分成6等份的抹茶蛋奶糕的一个,再将面胚对折。

❸ 双手牢牢按住面胚接口处,使奶油不漏出来,再封口。

❹ 将封口置于正方,就这样将面胚放下去,再用手轻轻地按压整平。

❺ 将面胚整理成两端较细的形状,放在铺有烘焙纸的烤板上。同样方法做5个。

3. 发酵

将烤箱的发酵功能设定到40℃,发酵30分钟。

4. 润色后在烤箱中烤制

将烤箱预热到180℃,预热完成后用剪刀剪出3个豁口,然后烤制13分钟。

让我们用面包机来制作心仪的丹麦酥皮面包吧♪♪

是不是做梦都没有想过丹麦酥皮可以亲手制作？
在这里将详细说明如何制作大家心仪的丹麦酥皮面包。
毫无疑问大家绝对能做得非常好。

三种丹麦酥皮面包

◇ 丹麦酥皮面包的食材（6个份）

【丹麦酥皮面胚食材】
法式面包专用粉……… 200g
盐………………………… 2g
砂糖……………………… 10g
黄油……………………… 10g
鸡蛋……………………… 10g
水……………………… 120g

干燥酵母粉……………… 2g

【折叠夹入的黄油食材】
黄油……………………… 80g

【成形用食材】
乳酪奶油
┌ 奶油乳酪……………… 60g
│ 砂糖…………………… 20g
└ 鸡蛋…………………… 5g

菠萝切片（切成块）… 1块
蓝莓…………………… 6粒

【装饰材料】
蛋奶糕
┌ 牛奶……………… 160g
│ 鸡蛋……………… 30g
│ 砂糖……………… 40g
│ 全麦粉…………… 15g
│ 黄油……………… 10g
└ 白兰地…………… 10g

蛋液………………… 适量
葡萄柚……………… 4片
葡萄红西柚………… 4片
细叶芹……………… 适量

猕猴桃（切成半月形）… 4片
草莓（对半切）…… 2个
蓝莓………………… 4粒

◇ 做法

1. 用面包机制作面胚

将【丹麦酥皮面胚食材】放入面包箱，酵母粉放入酵母粉容器。设定"菜单第15号（面包面胚）"，然后启动。完成后取出面胚，用手轻轻挤压排出气体，再用擀面杖擀成18cm的方形，用保鲜膜包好，放入冰箱中冷却20分钟。

2. 制作折叠黄油

❶ 将烘焙纸剪得稍大一些，折成12cm的方形暂时摊开放置。在烘焙纸上放上恢复到室温状态的黄油。

❷ 沿着步骤1中的烘焙纸的折痕再次折好。

❸ 用擀面杖擀开，使12cm的方形烘焙纸中全部涂好黄油，再放入冰箱冷却。

3. 制作蛋奶糕

❶ 将牛奶放入锅中加火煮至不沸腾的程度。

❷ 在碗中放入鸡蛋、砂糖，然后用打蛋器搅拌，加入筛滤过的全麦粉再次搅拌。将步骤1的牛奶分3回加入，用打蛋器再次搅拌。

❸ 在锅中加入过滤过的步骤2，用小中火搅拌。沸腾至粘稠物出现后关火，再加入黄油、白兰地，用橡胶刮刀搅拌，用锅的余温融化。

❹ 融化后放入大盆中，抻薄后在表面盖上保鲜膜，放入装有冰水的大盆中冷却。

4. 制作乳酪奶油

❶ 在碗中放入恢复到室温状态的奶油乳酪，用橡胶刮刀搅至变软。

❷ 加入砂糖搅拌。

❸ 加入鸡蛋，搅拌均匀。

预先准备完成后，终于要挑战折叠面胚了！ ▶

45

1. 制作折叠面胚

要想做出松脆的丹麦酥皮，最重要的就是要在面胚冷却后制作。
让我们谨记动作要快，马上来挑战吧！

① 如照片所示，在面胚上放上用擀面杖擀开的折叠黄油。

② 用面胚将黄油包好。

③ 在面胚和面胚重叠的地方用擀面杖按压使面胚粘在一起。

要点
用面胚包裹黄油

手拿着面胚，从面胚上面开始包，将黄油包好。然后用手指按压面胚接口使其粘好。

④ 将封口置于上面，撒上手粉，再用擀面杖擀成长35cm×宽20cm的长方形。

⑤ 上面开始1/3的面胚朝中间折叠。

⑥ 下面开始1/3的面胚也朝中间折叠，做成三折（三层）。

要点
将黄油均匀抻开

（用擀面杖按压）在冰箱冷冻的黄油最开始是硬的。用擀面杖以同等间隔自上而下按压，使黄油逐渐松软后再展开。

⑦ 将折成三层的面胚用擀面杖按压使面胚和面胚粘在一起。

⑧ 面胚使用烘焙纸包裹，然后放入塑料袋中，用冰箱冷藏20分钟，再重复2次④~⑧一样的步骤。

要点
重复同样的步骤

在面胚中放入黄油烤制的话，面胚和面胚之间的黄油会融化，从而产生层次。本次会重复三次一样的步骤，所以可以做出27层的丹麦酥皮面胚。

2. 切分折叠面胚

接下来切分折叠面胚。
对后续的成形非常重要，所以请一定正确切分。

这种感觉

① 用擀面杖擀成长21cm×宽31cm的长方形。上下左右分别剪掉5mm。

② 用尺子划出可以做长10cm×宽10cm的6个正方形的痕迹。

这个样子

③ 用刀按照步骤2中的划痕切分面胚。

要点
用面胚包裹黄油

手拿着面胚，从面胚上面开始包，将黄油包好。然后用手指按压面胚接口使其粘好。

3. 成形

接下来让我们学习三种不同馅料的丹麦酥皮的成形步骤吧。
每种我们会做2个。

🌸 水果丹麦酥皮的成形

这种感觉

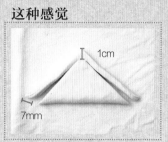

❶ 将面胚的边缘从身前向外折成三角形,然后三角形面胚顶端留1cm不切断,距离三角形两边7mm处划口子。

❷ 展开面胚拿着左侧切的很细的部分,粘在面胚右侧。

❸ 同样拿着右侧切得很细的部分,粘在面胚左侧。同样方法再做一个。

🌸 葡萄柚丹麦酥皮的成形

这个样子

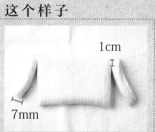

❶ 将面胚的边缘从身前向外折成三角形,然后三角形面胚顶端留1cm不切断,距离三角形两边7mm处划口子。

❷ 展开面胚拿着左侧切得很细的部分,粘在面胚右侧。

❸ 同样拿着右侧切得很细的部分,粘在面胚左侧,整理成面托的样子。同样方法再做一个。

🌸 蓝莓丹麦酥皮的成形

这种感觉

❶ 将面胚面朝中心由四面开始折叠。

❷ 用叉子在面胚中心叉出5处洞。同样方法再做一个。

> 三种类型面包成形完毕后,接下来就是发酵!

水果丹麦酥皮

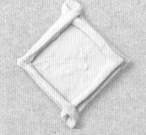

葡萄柚丹麦酥皮

蓝莓丹麦酥皮

47

4. 发酵

丹麦酥皮的发酵过程中，为了防止黄油融化，
需要将温度控制在比平常面包发酵温度低10℃的30℃、发酵时间短10分钟-30分钟。

❶ 将面胚放在铺有烘焙纸的烤板上，在蓝莓丹麦酥皮的面胚上挤上奶油乳酪。

❷ 将烤箱的发酵功能设定到30℃，发酵30分钟。

关键
发酵后的样子

用面包机做的丹麦酥皮面包有着强韧的质地，延展性很好。因此，可以通过减少发酵时间来避免膨胀过度而导致形状不好看。

5. 润色后在烤箱中烤制

水果丹麦酥皮和蓝莓丹麦酥皮同样都挤上蛋奶奶油。

水果丹麦酥皮的润色

❶ 在表皮涂上蛋液。

❷ 将蛋奶糕挤成每1/4量一个。

葡萄柚丹麦酥皮的润色

❶ 在表皮涂上蛋液，将蛋奶糕挤成每1/4量一个。

❷ 在上面放上半份菠萝。

蓝莓丹麦酥皮的润色

❶ 在表皮涂上蛋液。

❷ 放上3粒蓝莓。

❸ 将烤箱预热到190℃，预热完成后烤制13分钟。

关键
蛋液的涂法和奶油的挤法

涂蛋液是为了让面胚产生光泽，因此只涂面胚外表皮就可以了。奶油可以在二次发酵中让面包面胚膨胀产生面托形状，因此需要仔细地在面胚上挤上奶油。

水果丹麦酥皮

葡萄柚丹麦酥皮

蓝莓丹麦酥皮

面包马上就要完成了！

48

6. 对丹麦酥皮进行润色

只要烤制好的丹麦酥皮面胚出现了漂亮的层次感就非常成功了！
最后装饰上水果。马上就大功告成。

水果丹麦酥皮

❶ 放上半份草莓。　❷ 放上半份猕猴桃、蓝莓。

葡萄柚丹麦酥皮

将葡萄柚的两种品种交替放置，装饰上细叶芹（份量外）。

蓝莓丹麦酥皮

全部撒上糖粉。

葡萄柚丹麦酥皮

水果丹麦酥皮

蓝莓丹麦酥皮

荻山老师小课堂

让我们来就丹麦酥皮面胚的几个疑问进行解答吧！！

"丹麦酥皮面胚最重要的是多做几次感受一下！！"

Q1 很难做出丹麦酥皮那种酥脆的口感。

要想做出酥脆的口感，温度非常重要。在成形中，如果黄油软化流出来的话，就很难做出漂亮的层次感。最开始的时候，面胚温度一高，就马上放入冰箱中，等待一段时间再开始制作就好了。

Q2 感觉侧面烤制的颜色比较浅

如果面胚都放在一块面板上烤制的话，面胚们会膨胀而导致侧面的焦黄色较浅。如果使用有两块面板的烤箱，就可以分开发酵烤制。面胚们不会黏在一起，侧面也能烤制得很漂亮。

Q3 想制作很多同种类的面包

也可以6个都用一样的丹麦酥皮来制作。这时，除了丹麦酥皮以外的所有食材都需要准备3倍的量。因为奶油用方便制作的量来标记的，所以首先用同等的量来制作，看看情况再决定。

足量的家常菜面包

接下来我们介绍家常菜面包。
即使看起来和平时的一样，但是加入了很多的馅料，花
一点点功夫就能使面包种类变得更丰富。

黄油玉米面包
Butter Corn Bread

仅仅是将玉米面包的玉米换成黄油玉米，就能让香醇风味倍增！

食材（6个份）

【面胚食材】
高筋面粉	200g
粗玉米粉	20g
盐	3g
砂糖	15g
黄油	25g
水	120g
干燥酵母粉	3g

【放入葡萄干·坚果容器的食材】
熟玉米粒	40g

【装饰材料】
黄油玉米
黄油	20g
熟玉米粒	130g
盐	少许
粗颗粒黑胡椒	少许

披萨用乳酪	120g
荷兰芹	适量

设定
菜单第 15 号 （面包面胚）
葡萄干 有

制作面包用的食材
粗玉米粉和熟玉米粒

将玉米磨成粉末状就叫做粗玉米粉，一般用于英国松饼等的糕点装饰配料。这次面胚本身加入了两种玉米，更加提升了玉米的味道。

预先准备

制作黄油玉米

在煎锅中放入黄油加热，融化后放入熟玉米粒，撒上盐、黑胡椒翻炒。从锅中盛出来，使其完全冷却。

做法

1. 制作面胚

将【面胚食材】放入面包箱，酵母粉放入发酵容器中，玉米放入葡萄干·坚果容器中。参考食材右侧的"设定"，设置面包机，然后启动。完成后，取出面胚，用手轻轻揉压排出气体，切分成6个，然后搓成圆形，盖上湿布然后醒发8分钟。

2. 成形

❶ 撒上手粉，用手把面胚反复揉压几次排出气体，对着面胚中心按照下半部分、上半部分的顺序折叠，粘好。

❷ 再对折，牢牢抓住封口。

3. 发酵

❸ 用单手轻轻滚动抻成20cm的棍状。

❹ 弯曲成U字形，捏住面胚两端黏合，然后放在铺有烘焙纸的烤板上。同样方法做5个。

将烤箱的发酵功能设定到40℃，发酵30分钟。

4. 润色后在烤箱中烤制。

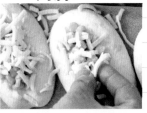

将烤箱预热到180℃，预热完成后将1/6的黄油玉米、20g乳酪分别放在面胚上，烤制13分钟，再撒上荷兰芹。

那不勒斯面包
Naporitan Bread

* *

在大家都非常喜欢的那不勒斯中加入大量食材，做出奢侈味道！
份量 100 分！

▽ 食材（6 个份）

【面胚食材】
高筋面粉………………… 200g
盐……………………… 2g
砂糖…………………… 15g
黄油…………………… 15g
鸡蛋…………………… 15g
干荷兰芹……………… 1g
番茄汁………………… 130g

干燥酵母粉…………… 3g

【成形用食材】
那不勒斯
- 黄油…………………… 20g
- 洋葱（切碎末） 1/8 个
- 熏猪肉片（切碎） 1 片
- 青椒（切碎）………… 1 个
- 意大利面（干燥）100g
- 番茄沙司………… 4 大勺
- 盐…………………… 适量
- 胡椒………………… 适量

【装饰材料】
披萨用乳酪…………… 30g

设定
菜单第 15 号（面包面胚）
葡萄干 无

制作面包用的食材

番茄汁

本书使用了可果美的无盐品种。将调制水换成番茄汁的话，比起直接加入生番茄，面胚颜色会变得更红。和干荷兰芹的绿色对比呈现出漂亮的面包质地。

▽ 预先准备

做那不勒斯

❶ 在煎锅中放入黄油加热,融化后加入洋葱、熏猪肉翻炒,洋葱变软后加入青椒再继续翻炒。

❷ 如图所示加入煮熟的意大利全部面混合。

❸ 加入番茄沙司、盐、胡椒再继续翻炒。

❹ 取出放置在大盘中,使之完全冷却。冷却后分成6等份。

▽ 做法

1. 制作面胚

将【面胚食材】放入面包箱,酵母粉放入发酵容器中。参考食材右侧的"设定",设置面包机,然后启动。完成后,取出面胚,用手轻轻揉压排出气体,切分成6个,然后搓成圆形,盖上湿布然后醒发8分钟。

2. 成形

❶ 撒上手粉,用手将面胚反复揉压几次排出气体,然后用擀面杖擀成长13cm×宽9cm的椭圆形。

这个样子

❷ 将分成6等份的那不勒斯中的一份放在面胚中间。

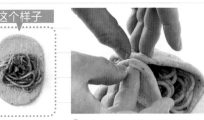

❸ 将面胚两端捏住放到中间位置,然后粘紧。

❹ 用指头按压粘紧使馅料不能从左右的缝隙出来。

❺ 将捏住的位置牢牢封口。

❻ 拿着面胚,改变方向使封口放在正下方。

❼ 用手从上面按压,整理成两端较细的形状,然后放置在铺有烘焙纸的烤板上。同样方法做5个。

3. 发酵

将烤箱的发酵功能设定到40℃,发酵30分钟。

4. 润色后,在烤箱中烤制

❶ 将烤箱预热到180℃,预热完成后用刀在两个地方划出口子。

❷ 在开口附近分别放上5g乳酪,烤制13分钟。

💬 关键
很难包好的时候怎么办

大量填入馅料的那不勒斯。当放在砧板上很难包的时候,单手拿着,同时用手指按压那不勒斯馅料边逐步包紧,这样的话就能包好了。

意面酱面包

虽然外表很朴素，但是吃一口，罗勒的香味就会弥漫在整个口腔。

食材（6个份）

设定	【面胚食材】	
菜单第15号 （面包面团面胚）	法式面包专用粉	200g
	盐	1g
	砂糖	10g
葡萄干 有	黄油	10g
	意面酱	15g
	水	130g

干燥酵母粉 ……………… 3g

【放入葡萄干·坚果容器的食材】
绿橄榄（切薄圆片） 30g

做法

1. 制作面胚

将【面胚食材】放入面包箱，酵母粉放入发酵容器中，橄榄放入葡萄干·坚果容器中。参考食材左侧的"设定"，设置面包机，然后启动。完成后，取出面胚，用手轻轻揉压排出气体，切分成6个，然后搓成圆形，盖上湿布然后醒发8分钟。

2. 成形

❶撒上手粉，用手将面胚反复揉压几次排出气体，朝着面胚中心按照下半部分、上半部分的顺序折叠，粘好。

❷再对折，牢牢抓住封口。

这种感觉

❸单手轻轻地滚动将面胚抻成10cm的棍状，放在铺有烘焙纸的烤板上，同样方法做5个。

3. 发酵

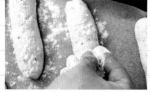

❹整个面胚全部撒上高筋面粉（份量外）。

将烤箱的发酵功能设定到35℃，发酵40分钟。

4. 润色完，在烤箱中烤制

将烤箱预热到190℃，预热完成后用刀在中央划一道口子，烤制13分钟。

面包制作用的食材
意面酱

意面酱是不怎么会在面包烘焙中使用的食材。这次将商店出售的意大利面用的意面酱揉入面胚中，做成了味道丰富的面包。

青豆核桃面包

Green soy beans & Walnut Bread

✽✽✽✽✽✽✽✽✽✽✽✽✽✽✽✽✽✽✽✽✽✽✽✽✽✽✽✽

足量的青豆和核桃与乳酪相配。
是一款也能做下酒菜的面包。

▽ 食材（6个份）

【面胚食材】		【成形用食材】	
高筋面粉…………	200g	披萨用乳酪………	60g
盐………………	3g	青豆（开水焯）	60g
砂糖……………	10g		
黄油……………	15g		
水………………	140g		
干燥酵母粉………	3g		

设定

菜单第 15 号（面包面胚）

葡萄干
有

【放入葡萄干·坚果容器
的食材】
烤核桃………… 40g

▽ 做法

1. 制作面胚

将【面胚食材】放入面包箱,酵母粉放
入发酵容器中,核桃放入葡萄干·坚
果容器中。参考食材右下的"设定",
设置面包机,然后启动。完成后,取出
面胚,用手轻轻揉压排出气体,切分
成6个,然后搓成圆形,盖上湿布后醒
发8分钟。

2. 成形

❶ 撒上手粉,用手把面胚反复揉压几
次排出气体,然后用擀面杖擀成长
12×宽9cm的长方形。

❷ 在上半部分放上 10g乳酪、10g青
豆,然后对折。用手按压,再用擀
面杖擀成长 12cm×宽9cm的长
方形。

❸ 将面胚转动成横宽的样子,在面胚
上面留1cm左右不切,下面开始划
出6~7个口子。

3. 发酵

❹ 拿着面胚,随意将面胚揉成一团,
放在铺有烘焙纸的烤板上。同样
方法做5个。

4. 在烤箱中烤制

将烤箱的发酵功能设定到40℃,发
酵30分钟。

将烤箱预热到180℃,预热完成后烤
制13分钟。

⌣ 要点
从面胚中露出馅料来

用擀面杖擀开面胚,可以看到里
面的核桃和青豆。如果馅料露
出来的话,就在步骤4揉成一团
的时候再放入里面。

维也纳香肠大豆面包

Wiener & Beans Bread

* * * * * * * * * * * * * * *

虽然是较小的尺寸，却是份量超足的面包。
放入布丁模具烤制。

食材（6个份）

【面胚食材】
高筋面粉……………… 200g
盐…………………………… 3g
砂糖………………………… 10g
黄油………………………… 10g
芥末粒……………………… 20g
水……………………………130g

干燥酵母粉………………… 3g

【成形用食材】
披萨用乳酪……………… 60g
香肠（切成宽1cm） 3根
什锦葡萄干……………… 60g

设定
菜单第 15 号（面包面胚）
葡萄干
无

关键

从布丁模具中取出

烤制完成后，将面胚从布丁模具中取出，放入冷却器中冷却。取出的时候，比起隔热手套，戴两层工作手套会更好，因为手指可以活动，可以更方便地将面包从模具中取出。

预先准备

将布丁模具和烘焙纸搭配使用

将烘焙纸剪成13cm的方形，在四角划出口子放入布丁杯模具中。

做法

1. 制作面胚

将【面胚食材】放入面包箱，酵母粉放入发酵容器中。参考食材下方的"设定"，设置面包机，然后启动。完成后，取出面胚，用手轻轻揉压排出气体，切分成6个，然后搓成圆形，盖上湿布后醒发8分钟。

※本书使用了直径7.6cm×高4cm的布丁杯模具。

2. 成形

❶ 撒上手粉，用手揉压，将面胚从身前开始向外卷，在面胚卷接口封好。用单手滚动抻成13cm的棍状，用刮刀在面胚上划5~6处Z字形。

❷ 将10g乳酪、1/6量的维也纳香肠、10g什锦葡萄干和步骤1的面胚揉在一起，放入布丁杯模具中，再放在烤板上。同样方法做5个。

3. 发酵

将烤箱的发酵功能设定到40℃，发酵30分钟。

4. 在烤箱中烤制

将烤箱预热到180℃，预热完成后烤制14分钟。

油炸奶汁烤菜面包
Fried Gratin Bread

用油炸面包包法式奶汁烤菜？
事实上比咖喱面包还要好吃！好评不断！

食材（6个份）

【面胚食材】
高筋面粉…………… 200g
盐………………… 3g
砂糖……………… 10g
黄油……………… 10g
水………………… 125g

干燥酵母粉………… 3g

【放入葡萄干·坚果容器的食材】
熏猪肉片…………… 30g
（切成宽1cm大小炒好，再完全冷却）

【成形用食材】
奶汁烤菜
黄油……………… 15g
洋葱（切碎末）… 1/4个
熏猪肉块
（切成1cm方块）… 30g
全麦粉…………… 15g
白葡萄酒………… 50cc
牛奶……………… 200cc
盐………………… 1/2小勺
粗颗粒黑胡椒…… 少许
通心面…………… 30g

乳酪粉……………… 1大勺

面包粉…………… 适量
蛋液……………… 适量

设定
菜单第15号（面包面胚）
葡萄干
有

▼ 预先准备

做奶汁烤菜

❶ 在煎锅中放入黄油,待黄油融化后放入洋葱、熏猪肉和全麦粉翻炒。

❷ 当粉状颗粒没有的时候,加入白葡萄酒搅拌。

❸ 将牛奶分3回加入,搅拌直到出现粘稠物,再用盐和胡椒调味。

❹ 加入按照说明煮熟的通心面、乳酪粉,然后混合搅拌,再取出放在平盘中,使其完全冷却。

▼ 做法

1. 制作面胚

将【面胚食材】放入面包箱,酵母粉放入发酵容器中,熏猪肉放入葡萄干·坚果容器中。参考食材右下的"设定",设置面包机,然后启动。完成后,取出面胚,用手轻轻揉压排出气体,切分成6个,然后搓成圆形,盖上湿布后醒发8分钟。

2. 成形

❶ 撒上手粉,用手把面胚反复揉压几次排出气体,再用擀面杖擀成长10cm×宽15cm的椭圆形。

❷ 在上半部分放上分成6等份的奶汁烤菜中的一份。

❸ 将面胚对折,牢牢按压接口使奶汁烤菜不露出来。

这个样子

❹ 拿着面胚将封口置于正下方,然后这样放下来。

❺ 用手轻轻压平。

❻ 整理成两端较细的形状。同样方法做5个。

❼ 涂上蛋液,撒上面包粉,然后放在铺有干布的烤板上。

---

3. 在室温状态下发酵

盖上湿布,在室温状态下发酵20分钟。

4. 完成后油炸

❶ 用叉子在面胚表面三个地方扎孔。

❷ 将扎孔的一面置于上面,放入加热到160℃的油(份量外)中,每一面炸2分钟。

▼ 关键

使用干布

油炸面包在一般的发酵时间、温度下,面胚会发酵过度,变得很难处理。因此要在室温状态下发酵。为了防止发酵过程中面胚粘在一起,代替烘焙纸使用了干布。

肉糜面包
Taco meat Bread

使用玉米片代替面包粉，做出更松脆的口感。
和啤酒非常搭！！

▽ 食材（6个份）

【面胚食材】

高筋面粉	200g
黑胡椒	3g
盐	3g
砂糖	15g
黄油	15g
水	135g
干燥酵母粉	3g

【成形用食材】

肉糜

A	橄榄油	1大勺
	大蒜（切碎末）	1片
	大葱（切碎末）	1/4根
	小茴香	1小勺
	芫荽粉	1/2小勺
	辣椒粉	1/2小勺
	绞肉	200g
	盐	1/2小勺
	粗颗粒黑胡椒	少许
	番茄沙司	1大勺
蛋液		适量
玉米片		适量

设定
菜单第 15 号
（面包面胚）

葡萄干
无

▽ 预先准备

在煎锅中放入食材组A加热,翻炒至有香味后,再放入肉糜继续翻炒。肉熟后加入盐、黑胡椒、番茄沙司仔细混合搅拌,再取出放入平盘中完全冷却,分成6等份。

▽ 做法

1. 制作面胚

将【面胚食材】放入面包箱,酵母粉放入发酵容器中。参考食材右侧的"设定",设置面包机,然后启动。完成后,取出面胚,用手轻轻揉压排出气体,切分成6个,然后搓成圆形,盖上湿布后醒发8分钟。

2. 成形

❶ 撒上手粉,用手把面胚反复揉压几次排出气体,再用擀面杖将面胚擀成直径10cm的圆形。用手做圆圈状,在上面放上面胚。

❷ 在面胚中央放上分成6等份的肉糜中的一份,用调羹的背面轻轻按压进去。

❸ 将面胚从下往上聚拢着包,牢牢抓住封口。同样方法做5个。

3. 在室温状态下发酵

❹ 在一面涂上蛋液,撒上玉米片,放在铺有干布的烤板上。

盖上湿布,在室温状态下发酵20分钟。

4. 油炸

将粘有玉米片的一面朝下放入加热到160℃的油（份量外）中,每面炸2分钟。

♡ 关键
做凹坑

为了更易包裹份量超足的肉糜,先用手做稍微有点凹陷的面胚,然后再将肉糜放入就可以了。

浓香番茄面包

Tomato Rich Bread

✿✿✿✿✿✿✿✿✿✿✿✿✿✿✿✿✿✿✿✿

这是一款在面胚中加入了三种番茄的面包。
面包的形状也做成番茄的样子，试着做做看！

▽ 食材（6个份）

【面胚食材】		【放入葡萄干·坚果容器的食材】	
高筋面粉	200g	番茄干	30g
盐	3g	（用热水泡发，再切细）	
砂糖	15g		
黄油	15g	【成形用食材】	
鸡蛋	20g	披萨用乳酪	60g
番茄汁	95g		
番茄沙司	40g		
干燥酵母粉	3g		

设定

菜单第 15 号（面包面胚）
葡萄干 有

▽ 做法

1. 制作面胚

将【面胚食材】放入面包箱，酵母粉放入发酵容器中，番茄干放入葡萄干·坚果容器中。参考食材右下的"设定"，设置面包机，然后启动。完成后，取出面胚，用手轻轻揉压排出气体，切分成6个，然后搓成圆形，盖上湿布后醒发8分钟。

2. 成形

❶ 撒上手粉，用手把面胚反复揉压几次排出气体。

❷ 在中间放入10g乳酪。

❸ 将面胚从下往上聚拢着包，牢牢抓住封口，放在铺有烘焙纸的烤板上，同样方法做5个。

3. 发酵

将烤箱的发酵功能设定到40℃，发酵30分钟。

4. 润色后在烤箱中烤制

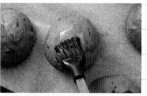

❶ 将烤箱预热到190℃，预热完成后，将橄榄油（份量外）涂在面胚中心。

❷ 用剪刀在面胚上剪出5处像番茄蒂的形状，然后烤制13分钟。

里面有满满的乳酪！！

菠菜番茄干面包

Spinach & Dry tomato Bread

✽✽✽✽✽✽✽✽✽✽✽✽✽✽✽✽✽✽✽✽✽✽✽

用菠菜将面包面胚染成绿色。
有点酸味的偏成人口味的面包。

▽ 食材（6个份）

【面胚食材】

高筋面粉……………… 200g	
盐…………………………… 3g	**【成形用食材】**
砂糖………………………… 8g	乳花干酪（分成12等份）
黄油………………………… 8g	……………………………… 104g
菠菜……………………… 30g	番茄干…………………… 40g
（开水焯5分钟左右切	（开水泡发，切碎）
碎）	凤尾鱼…………………… 6片
水……………………… 115g	
干燥酵母粉……………… 3g	

> **设定**
> 菜单第 15 号（面包面胚）
> 葡萄干
> 无

▽ 做法

1. 制作面胚

将【面胚食材】放入面包箱，酵母粉放入发酵容器中。参考食材右下的"设定"，设置面包机，然后启动。完成后，取出面胚，用手轻轻揉压排出气体，切分成6个，然后搓成圆形，盖上湿布后醒发8分钟。

2. 成形

❶撒上手粉，用手把面胚反复揉压几次排出气体，再用擀面杖擀成直径10cm的圆形。

❷在面胚上放上2片乳花干酪、分成6等份的番茄干、1片凤尾鱼，然后拿着面胚，粘在面胚中心位置。

❸从粘好的中心开始沿着右侧粘好封口。

❹左边也一样粘好封口，做成三角形。将封口朝下放在铺有烘焙纸的烤板上。同样方法做5个。

3. 发酵

将烤箱的发酵功能设定到40℃，发酵30分钟。

4. 润色后在烤箱中烤制

将烤箱预热到180℃，预热完成后用剪刀划出十字形的开口，再烤制13分钟。

▽ 关键
番茄干的泡发方法

使用在热水中泡发表面变得柔软的番茄干。根据种类的不同，有表皮柔软的品种，这种情况的话就不用热水泡发。

蔬菜面包
Vegetables Bread

虽然加入了大量蔬菜,但因为充分揉进了面胚中,所以非常顺滑。即使讨厌蔬菜的孩子也会喜欢。

▽ 食材（6 个份）

【面胚食材】

高筋面粉·············	200g
乳酪粉·············	20g
盐·············	3g
砂糖·············	15g
黄油·············	10g
水·············	130g

干燥酵母粉············· 3g

【放入葡萄干·坚果容器的食材】

什锦蔬菜············· 50g
（解冻）

【装饰材料】

熏猪肉片·············	3片
（切成宽1cm）	
披萨用乳酪·········	60g

设定

菜单第 15 号（面包面胚）

葡萄干 有

▽ 做法

1. 制作面胚

将【面胚食材】放入面包箱,酵母粉放入发酵容器中,什锦蔬菜放入葡萄干·坚果容器中。参考食材右下的"设定",设置面包机,然后启动。完成后,取出面胚,用手轻轻揉压排出气体,切分成6个,然后搓成圆形,盖上湿布后醒发8分钟。

2. 成形

❶ 撒上手粉,用手把面胚反复揉压几次排出气体,朝着面胚中心按照下半部分、上半部分的顺序折叠,粘好。

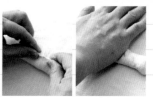

❷ 再对折,牢牢抓住封口。单手轻轻地滚动抻成25cm的棍状。

❸ 将面胚松松地打个结然后整理形状,放入铺有烘焙纸的烤板上。同样方法做5个。

3. 发酵

将烤箱的发酵功能设定到40℃,发酵30分钟。

4. 润色后,在烤箱中烤制

❶ 将烤箱预热到180℃,预热完成后分别在上面放上1/6量的熏猪肉。

❷ 再分别放上10g乳酪,烤制13分钟。

关键
面包的伸展方法

用这个部位滚动

如果用双手的话就力道过大了,所以用单手抻开。不是用整个手来滚动抻开,而是像图解那样用手掌柔和地轻轻地抻开。

PART.2

搭配面包

在用面包机烘焙好的面包上，或满满地装饰上水果和搅打蛋奶，或搭配法式吐司，让我们尽情享受搭配的乐趣吧！！

首先制作普通主食面包,尝试搭配水果拼盘!!

水果拼盘
Fruits Decoration

这款主食面包使用了上白糖和细砂糖两种砂糖,让我们尝试用足量的水果来进一步装饰它吧!

▽ 普通主食面包食材

高筋面粉	250g	375g
盐	3g	4g
上白糖	15g	22g
细砂糖	15g	22g
发酵黄油	25g	37g
鸡蛋	15g	22g
牛奶	70g	105g
水	85g	127g
干燥酵母粉	3g	4g

【调制食材】

鲜奶油	100g	蓝莓	10粒
砂糖	30g	草莓	4个
		薄荷	适量

▽ 做法

1. 用面包机做面包

全部交给面包机制作。
4小时后,面包就完成了。

❶ 在面包箱上安装好附带的面包机搅拌片。

❷ 在电子秤上放上面包箱,设定显示为"0"。

❸ 将【普通主食面包食材】按照从上自下的顺序一个一个放入计量。

❹ 干燥酵母粉以外的材料都放入后,将面包箱放回面包机中,关上中间的盖子。

❺ 将干燥酵母粉放入酵母粉容器中。

❻ 关上上面的盖子,按"菜单第1号(面包)"启动。

在烤制好的面包完全冷却后,就开始搭配吧!!

注意点 根据品牌和型号的不同功能也有所不同.详细请阅读您的面包机使用说明书。
本书使用了松下SD-BMS106型号的面包机。

终于要开始搭配了！

2. 切分面包后搭配

搭配方法可以根据个人喜好。
让我们愉快地开始搭配吧。

① 将面包侧面放倒，切一半。

② 将切了一半的面包竖着放。

③ 在碗里放入鲜奶油、砂糖，用打蛋器搅拌起泡。

④ 将步骤3的搅打奶油放入裱花袋中。

⑤ 将面包放入容器中，然后挤上搅打奶油。

⑥ 将面包的切面全部都挤上搅打奶油。

⑦ 准备草莓、蓝莓。草莓切成4等份。

⑧ 按照左右前后的位置边移动边放上草莓。

这个样子

⑨ 在草莓的间隙中和谐地放入蓝莓。

这种感觉

⑩ 把薄荷装饰在中间。

装饰的成品简直就像是蛋糕一样。

水果三明治
Fruits Sandwiches

将面包切得厚厚的，留有间隙制作水果三明治吧！！

▽ 牛奶面包的食材

高筋面粉	200g	……	300g
盐	…… 3g		4g
砂糖 ……	35g		52g
黄油 ……	30g		45g
鸡蛋 ……	20g		30g
牛奶 ……	100g		150g
鲜奶油 ……	50g		75g
干燥酵母粉 …	2g	…	3g

设定
菜单第1号
（面包）

葡萄干
无

▽ 水果三明治的食材

牛奶面包(厚5cm)… 1片
搅拌奶油
 ┌ 鲜奶油 …… …… 100g
 └ 砂糖 …… …… 30g

狝猴桃(切成4等份) …1个
草莓(切成半个) …4个
糖粉 …… …… 适量

使用水果搭配

▽ 做法

1. 做面包然后切分

将牛奶面包的食材放入面包箱中，酵母粉放入酵母容器中，参考食材右侧的"设定"，设定面包机，然后启动，做好面包后，切成5cm厚的面包片。

2. 做蔬菜三明治

❶ 将面包横着切一半，距离底部3cm的面包不动，从面包中心划口子。

❷ 在开口中挤上搅打奶油，放入狝猴桃、草莓，然后盛入容器中，撒上糖粉。

◍·关键
搅打奶油

在面包中夹上狝猴桃、草莓，最后挤上搅打奶油，外观会变得很好看。裱花嘴可以是圆形。

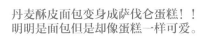

使用丹麦酥皮面包

萨伐仑蛋糕
Savarin

丹麦酥皮面包变身成萨伐仑蛋糕！！
明明是面包但是却像蛋糕一样可爱。

▽ 丹麦酥皮面包食材

	1斤	1.5斤
高筋面粉	250g	375g
盐	2g	3g
砂糖	20g	30g
黄油	20g	30g
鸡蛋	20g	30g
冷水（5℃）	40g	60g
牛奶	100g	150g
干燥酵母粉	2g	3g

【后入用黄油】

黄油	70g	105g

> **设定**
> 菜单第11号
> 丹麦酥皮面包
>
> 葡萄干
> 无

▽ 萨伐林蛋糕食材

丹麦酥皮白面包（厚4cm） … 1片

橙子糖汁
- 橙汁 … 100g
- 水 … 100g
- 蜂蜜 … 50g
- 橘味朗姆酒 … 30g

使用水果调制

▽ 做法

1. 做面包然后切分

将丹麦酥皮面包食材放入面包箱中，酵母粉放入酵母容器中，参考食材右侧的"设定"，设定面包机，然后启动，铃声响后将【后入用黄油】放入，做好面包后，切成4cm厚。

2. 做萨伐林蛋糕

❶ 将面包斜着切，再斜着切一半，分成4等份。

❷ 在锅中放入制作橘子糖汁的全部食材，煮沸后放入碗中，冷却后将步骤1的面包浸在里面，再放入冰箱冷却。

❸ 糖汁全部渗透进面包后，涂上搅打奶油（份量外），放入喜欢的水果（份量外），装饰上薄荷（份量外）。

没有菜单第11号（丹麦酥皮风面包）的机器型号的话，在机器开始揉面胚的10分钟后加入【后放入用黄油】的黄油，或者最开始就将其放入面包箱。

69

搭配
法式吐司

用奶油面包

蜂蜜法式吐司
Honey French toast

使用浓厚甜味面包制作的法式吐司香醇且别具一格!

▽ **奶油面包食材**

高筋面粉	200g	300g
盐	3g	4g
砂糖	35g	52g
黄油	30g	45g
鸡蛋	20g	30g
牛奶	90g	135g
鲜奶油	80g	120g
干燥酵母粉	2g	3g

▽ **法式吐司食材**

奶油面包(厚5cm) … 1片

蛋液

鸡蛋	1个
牛奶	100g
蜂蜜	40g

黄油	20g
糖粉	适量
蜂蜜	适量

设定
菜单第1号
(面包)

葡萄干
无

🧄 · **搭配使用的面包**
奶油面包

使用鲜奶油和牛奶做成的牛奶味的面包。细腻松软,即使不装饰任何东西直接吃也非常好吃。

▽ **做法**

1. 做好面包后切分

将奶油面包的食材放入面包箱中,酵母粉放入酵母容器中,参考食材右侧的"设定",设定面包机,然后启动,做好面包后,切成5cm厚。

2. 做法式吐司

❶ 在碗中放入全部蛋液食材,然后混合搅拌,再放入大盘中。

❷ 将面包浸泡其中。

❸ 当面包将蛋液一半左右的份量吸收后,翻一面再将背面浸泡。

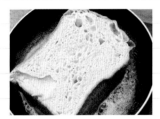

❹ 将黄油放入煎锅中加热,融化后加入步骤3的面包烤制。

❺ 烤制焦黄色后翻过来,盖上盖子再用小火烤1分钟。

❻ 盛入容器中,撒上糖粉,涂上蜂蜜。

🧄 **关键**
蛋液

因为是有着5cm厚度的法式吐司,因此让吐司吸收了一面的蛋液后,翻一面再浸泡。吸收到照片的程度后就可以进入到下一个阶段。

槭糖法式吐司

Maple French toast

满载葡萄干和黄油的布里欧修面包，再涂上槭糖浆，做成更奢华的味道！

搭配法式吐司

▽ 水果布里欧修面包食材

设定
菜单第 10 号（布里欧修面包）
葡萄干有

高筋面粉……	230g ……	345g
盐……	2g …	3g
砂糖……	30g …	40g
蛋黄……	1个份（20g） …	1.5个份（30g）
鸡蛋……	30g …	40g
牛奶……	50g …	75g
水……	65g …	97g
干燥酵母粉……	2g …	3g

【放入葡萄干·坚果容器的食材】
什锦蔬菜干…… 60g … 90g
（放入水中泡发，控干水）

【后入用黄油】
黄油…… 50g … 75g

▽ 槭糖法式食材

水果布里欧修面包(厚4cm) …1片

蛋液
- 鸡蛋…… 1个
- 牛奶…… 100g
- 槭糖浆…… 40g
- 黄油…… 20g

肉桂砂糖
- 肉桂…… 5g
- 糖粉…… 20g

▽ 做法

1. 做好面包后切分

将水果布里欧修面包的食材放入面包箱中，酵母粉放入酵母容器中，什锦水果放入葡萄干·坚果容器中，参考食材右侧的"设定"，设定面包机，然后启动，铃声响后加入【后入用黄油】，做好面包后，切成4cm厚。

2. 做法式吐司

❶ 将面包竖着切成3等份。

❷ 将蛋液食材全部放入碗中搅拌，再放入大盘中，将步骤1的面包浸泡在内。

❸ 在煎锅中放入黄油加热，融化后加入步骤2的食材，将面胚4面煎至焦黄色，盛入容器中，撒上肉桂砂糖。

没有菜单第10号(布里欧修面包)的机器型号,可以在机器开始揉面胚的10分钟后加入【 后入用黄油 】,或者从最开始就放入面包箱中。

使用浓香肉桂面包

冰激凌吐司

Ice Toast

使用了浓香肉桂面包来做吐司，让香子兰冰激凌的风味倍增。

▽ 浓香肉桂面包食材

	1斤	1.5斤
高筋面粉	250g	375g
肉桂	6g	9g
盐	2g	3g
砂糖	30g	45g
黄油	40g	60g
牛奶	190g	285g
干燥酵母粉	3g	4g

设定

菜单第1号（面包）

葡萄干
无

▽ 冰激凌吐司食材

浓香肉桂面包（厚3cm）	1片
细砂糖	1大勺
黄油（切成1cm的方形）	5个
香子兰冰激凌	适量

▽ 做法

1. 做好面包后切分

将浓香肉桂面包的食材放入面包箱中，酵母粉放入酵母容器中，参考食材右侧的"设定"，设定面包机，然后启动，做好面包后，切成3cm厚。

2. 做冰激凌土司

❶ 将面包划出深度1cm左右的口子（竖着1下，横着3下）。

❷ 在面胚上撒上细砂糖，再放上黄油，烤制2~3分钟直到焦黄，然后放上冰激凌。

◍·关键

划口子

因为要撒细砂糖烤制，所以外表皮会变得很干脆。

通过在面包上划口子来让面胚和冰激凌连结在一起，从而使面包更易食用。

使用格兰诺拉面包

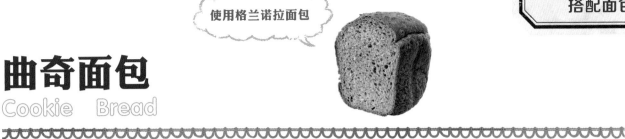

曲奇面包
Cookie Bread

搭配松脆的曲奇面胚烤制。
和松软面包的搭配让人欲罢不能!

▽ 格兰诺拉面包食材

高筋面粉	180g	270g
全麦粉	45g	67g
肉桂	2g	3g
盐	2g	3g
砂糖	30g	45g
黄油	20g	30g
格兰诺拉麦片	50g	75g
牛奶	40g	60g
水	120g	180g
干燥酵母粉	2g	3g

▽ 曲奇面包食材

杏仁奶油

格兰诺拉面包（厚4cm）	1片
黄油	30g
砂糖	40g
蛋白	40g
杏仁粉	30g
全麦粉	20g
白兰地	1大勺

设定

菜单第1号
（面包面胚）

葡萄干
无

◌·搭配好的面包
像点心一样的面包

这款使用富含食物纤维的格兰诺拉面包来搭配制作的"曲奇面包"，是受到搭配布里欧修面包的法国产甜点面包"BOSTOCK"的启发制作。涂上杏仁奶油烤制的话，就能变身成香甜美味的甜点面包。

▽ 做法

1. 做好面包后切分

将格兰诺拉面包的食材放入面包箱中，酵母粉放入酵母容器中，参考食材右侧的"设定"，设定面包机，然后启动，做好面包后，切成4cm厚。

2. 做曲奇面包

❶ 将面包斜着切，再对半斜着切，分成4等份。

❷ 将黄油放入碗中搅拌至柔软后，加入砂糖搅拌到白色。

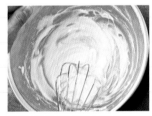

❸ 将蛋白分成2份加入，用打蛋器搅拌。

❹ 将杏仁粉、全麦粉筛选过滤，然后加入白兰地用橡胶刮刀搅拌。

❺ 将面胚放在铺有烘焙纸的烤板上，加上步骤4的杏仁奶油。

❻ 将烤箱预热到170℃，预热完成后烤制10分钟。

◌·关键
使用常温的黄油

将黄油放入碗中，因为必须要仔细揉制使其变软，所以黄油一定要使用常温状态的。

搭配布丁

使用杏仁砂糖面包

面包布丁
Bread Pudding

将香甜面包和香蕉放入法式奶汁烤菜中做成布丁。
即使作为聚会用点心也非常可爱！

杏仁砂糖面包食材

	1斤	1.5斤
高筋面粉	200g	300g
杏仁粉	20g	30g
盐	2g	3g
砂糖	35g	52g
黄油	40g	60g
鸡蛋	20g	30g
水	120g	180g
干燥酵母粉	2g	3g

面包布丁食材

杏仁砂糖面包
（厚3cm）………1片
香蕉………………1根
白兰地……………1大勺

蛋液
鸡蛋羹………1个份
牛奶…………100g
砂糖…………20g

设定
菜单第1号
（面包）

葡萄干
无

制作面包时用的刀具
使用耐热器

本书使用了2个直径9cm×深5cm的器具。配合器具的大小，可以试着增加或者减少蛋液的使用量。面包完全浸入蛋液后再放入容器中。将残留在碗中的蛋液也一起放入再进行烘焙。

做法

1. 做好面包后切分

将杏仁砂糖面包的食材放入面包箱中，酵母粉放入酵母容器中，参考食材右侧的"设定"，设定面包机，然后启动，做好面包后，切成3cm厚。

2. 做面包布丁

❶ 将面包切成3cm的方形。

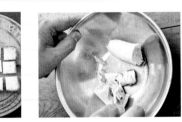

❷ 在碗中放入1/2根香蕉、白兰地，然后用叉子压碎。

❸ 在其他的碗中放入蛋液材料然后混合，然后再加入步骤2的食材。

❹ 加入步骤1的面包然后混合搅拌。

❺ 分别放一半面包进涂有黄油（份量外）的容器中。

❻ 将剩下的香蕉切成圆形，然后在面包上分别放一半的量。

❼ 将烤箱预热到200℃，预热完成后烤制15分钟。

使用藏红花面包

开式三明治
Open Sandwich

将包含藏红花清香的黄色面包做成开式三明治。

藏红花面包食材

设定 菜单第1号 （面包） 葡萄干 有			
高筋面粉	230g	345g
乳酪粉	10g	15g
盐	3g	4g
砂糖	20g	30g
黄油	40g	60g
蛋黄	1个份（20g）	1.5个份（30g）
鸡蛋	30g	45g
牛奶	50g	75g
⌈水	65g	97g
藏红花	一撮	一撮半
⌊（放入调料水中泡发）		
干燥酵母粉	2g	3g

【放入葡萄干·坚果容器的食材】
披萨用乳酪 …… 30g …… 45g

开式三明治食材

藏红花面包（厚2cm）	1片
嫩生菜	6g
熏鲑鱼	3片
洋葱（切薄片）	5g
蛋黄酱	适量

搭配三明治

做法

1. 做面包切分

将藏红花面包的食材放入面包箱中，酵母粉放入酵母容器中，参考食材左侧的"设定"，设定面包机，然后启动，做好面包后，切成2cm厚。

2. 做开式三明治

❶ 将面包烤制3~4分钟，直到带有浅浅的焦黄色。

❷ 放入容器中，铺上嫩生菜，放上鲑鱼。

❸ 放上洋葱，然后挤上蛋黄酱。

面包×意大利柠檬香煎

Bread Picata

在蛋液中加入乳酪是一般的意大利柠檬香煎做法。
因为要使用乳酪面包，所以这一步就省略了。

使用乳酪面包

搭配意大利柠檬香煎。

▽ 乳酪面包食材

	1斤	1.5斤
高筋面粉	225g	337g
乳酪粉	30g	45g
盐	2g	3g
砂糖	20g	30g
黄油	15g	22g
酸奶	30g	45g
水	140g	210g
干燥酵母粉	3g	4g

设定
菜单第1号
（面包）

葡萄干
无

▽ 面包 × 意大利柠檬香煎食材

乳酪面包（厚3cm）	1片
蛋液	
鸡蛋	1个
牛奶	50g
盐	1/4小勺
粗颗粒黑胡椒	少许
荷兰芹（切碎末）	1小勺
色拉油	适量

▽ 做法

1. 做面包然后切分

将乳酪面包的食材放入面包箱中，酵母粉放入酵母容器中，参考食材右侧的"设定"，设定面包机，然后启动，做好面包后，切成3cm厚。

2. 制作面包 × 意大利柠檬香煎

❶ 在碗中放入所有的蛋液食材，然后混合搅拌，再加入切成3cm的方形面包。

❷ 在煎锅中放入油加热，然后加入步骤1的食材，将面包烤至焦黄色。

♨ 关键

面包的成品

这是一款饱含乳酪的乳酪面包。因为使用了大量的乳酪，所以可能会看到烤制完成的面包表面有凹陷，但这不是失败的表现，请放心。

使用香郁黑芝麻面包

面包乳蛋饼
Bread Quiche

可以微微品尝到芝麻味道的乳蛋饼。
变身成馅料满满，份量满分的菜品！

▽ 香郁黑芝麻面包食材

高筋面粉……	230g	345g
盐……	2g	3g
黑糖（粉末）……	40g	60g
黄油……	30g	45g
水……	160g	240g
干燥酵母粉……	3g	4g

【放入葡萄干·坚果容器的食材】
黑芝麻…… 15g … 22g

▽ 乳蛋饼食材

香郁黑芝麻面包
（厚1cm）…… 2片

蛋液
┌ 鸡蛋…… 1个
│ 牛奶…… 150g
│ 盐…… 1/4小勺
└ 乳酪粉…… 1大勺
花椰菜（煮熟）… 40g
虾仁（煮熟）… 5尾
披萨用乳酪…… 10g

设定
菜单第1号（面包）
葡萄干有

🍳·制作面包使用的食材
花椰菜和虾

面包制作过程中经常使用花椰菜和虾。红色和绿色与面包的褐色交相辉映，变得色彩缤纷。两种食材都需要先煮熟。

▽ 做法

1. 做好面包后切分

将浓香黑芝麻面包的食材放入面包箱中，酵母粉放入酵母容器中，黑芝麻放入葡萄干·坚果容器中，参考食材右侧的"设定"，设定面包机，然后启动，做好面包后，切2片厚度1cm的面包。

2. 制作面包乳蛋饼

❶ 将2片面包按照每片8等份，一共切出来16块。

❷ 在容器底部、侧面摆上步骤1的面包。

❸ 在碗中放入蛋液的所有食材。

❹ 将蛋液倒入步骤2的容器中。面包面胚浮上来的话，就牢牢按压使其完全融合。

❺ 放上花椰菜和虾。

❻ 放上乳酪，将烤箱预热到200℃，预热完成后烤制20分钟。

🥄·关键
放入奶汁烤菜盘的顺序

先将面包面胚全部铺满在容器底部，然后再从侧面开始摆放。为了防止面胚侧面倒下来，用铺在底部的面包压住就可以了。

搭配奶汁
烤菜

 使用培根胡椒面包

面包奶汁烤菜
Bread Gratin

这款面包使用面包作为容器，整个面包都可以使用。
可以搭配炖菜吃，也可以直接吃。

▽ 培根胡椒面包食材

	1斤	1.5斤
高筋面粉	250g	375g
粗颗粒黑胡椒	2g	3g
粉胡椒	2g	3g
盐	3g	4g
蜂蜜	30g	45g
黄油	20g	30g
水	170g	255g
干燥酵母粉	3g	4g

【 放入葡萄干·坚果容器的食材 】
培根块 …… 60g … 90g
（ 切成方块炒，再完成冷却 ）

▽ 面包奶汁烤菜食材

培根胡椒面包
（ 厚6cm ） ……………… 1片
白汤(袋装商品)……200g
什锦葡萄干 ………… 30g
小番茄(对半切)…… 3个
披萨用乳酪 ………… 40g

设定
菜单第1号
(面包)

葡萄干
有

♨ · 用于搭配的面包
带辣味的面包

使用了粉胡椒和粗颗粒黑胡椒的W，做成了有着胡椒独特辣味的大人口味的面包。也放入了大量的培根，因此它也是一款多汁的面包。

▽ 做法

1. 做好面包后切分

将培根胡椒面包的食材放入面包箱中，酵母粉放入酵母容器中，培根放入葡萄干·坚果容器中，参考食材右侧的"设定"，设定面包机，然后启动，做好面包后，从侧面切成厚6cm的面包片。

2. 做面包奶汁烤菜

❶ 在边缘留1cm左右，然后划出四角形。

❷ 将四角形内的面包挖出来，做成容器。

❸ 放入白汤，什锦葡萄干。

❹ 放入番茄。

❺ 放上乳酪。

❻ 用预热到200℃的烤箱，烤制10分钟，直到出现浅焦黄色为止。

♨ 关键

白汤

在制作家常菜面包时，使用商店出售的软罐装的白汤的话，可以节省时间，非常便利。白汤的黄油面酱的硬度刚好合适，馅料也装得恰到好处，所以使用很方便。

炖菜法式三明治

Stew Croque monsieur

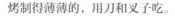

烤制得薄薄的，用刀和叉子吃。

软糯面包食材

设定			
菜单第1号（面包）	高筋面粉………	200g	……300g
	糯米粉………	50g	……75g
葡萄干无	盐………	3g	……4g
	砂糖………	20g	……30g
	黄油………	30g	……45g
	水………	180g	……270g
	干燥酵母粉………	3g	……4g

法式三明治食材

软糯面包(厚1cm)… 2片
白汤(袋装商品) … 70g
火腿……… 2片
披萨用乳酪……… 50g

搭配
家常菜面包

做法

1. 做面包然后切分

将软糯面包的食材放入面包箱中，酵母粉放入酵母容器中，参考食材左侧的"设定"，设定面包机，然后启动，做好面包后，切2片1cm厚的面包。

2. 做法式三明治

❶ 在面包上放上半份火腿和乳酪，另外一片面包放在上面。

❷ 淋上白汤。

❸ 放上剩下的乳酪，在烤箱中烤制5~6分钟，直到出现焦黄色。

84

使用富含葡萄干的面包

乳酪熏肉的
奶油果酱面包
Cheese & Bacon Tartine

葡萄面包的香甜和火腿乳酪非常搭。
可在早午餐时品尝。

▽ 富含葡萄干的面包食材

高筋面粉	250g		375g
盐	2g		3g
砂糖	30g		40g
黄油	30g		40g
鸡蛋	20g		30g
牛奶	165g		247g
干燥酵母粉	3g		4g

设定
菜单第 1 号
（面包）
葡萄干
有

【 放入葡萄干·坚果容器的食材 】
葡萄干 …… … 60g …… …90g
（ 放入水中泡发，控干水分 ）

▽ 奶油果酱面包食材

富含葡萄干的面包
（厚2cm ）…… …… …… 1片
蛋黄酱 …… …… …… …… 1大勺
培根片
（切成宽1cm大小 ）… …1片
披萨用乳酪 …… …… …… 50g
荷兰芹 …… …… …… …… 适量

搭配
家常菜面包

1. 切分面包制作

将富含葡萄干的面包的食材放入面包箱中，酵母粉放入酵母容器中，葡萄干放入葡萄干·坚果容器中，参考食材右侧的"设定"，设定面包机，然后启动，做好面包后，切成2cm厚的面包。

2. 制作奶油果酱面包

❶ 在面包上涂上蛋黄酱。

❷ 整个放上培根和乳酪。

❸ 在烤箱中烤制5~6分钟，直到出现焦黄色。然后撒上荷兰芹。

重达1斤的三明治

Loaf of bread Sandwiches

惊叹居然有整整1斤（约380g）重的三明治。大家一起热闹地品尝的话会非常美味！！

▽ 蒜末土豆面包食材

高筋面粉	250g	375g
蒜粉	2g	3g
盐	3g	4g
砂糖	10g	15g
黄油	10g	15g
土豆	80g	120g
（切成一口大小，然后开始焯）		
水	145g	217g
干燥酵母粉	3g	4g

> 设定
> 菜单第1号
> （主食面包）
>
> 葡萄干
> 无

▽ 三明治食材

蒜末土豆面包	1斤
莴苣	1片

金枪鱼蛋黄玉米
- 金枪鱼罐头 …… 60g
- 玉米棒 …… 15g
- 蛋黄酱 …… 30g
- 粗颗粒黑胡椒 …… 少许

蛋黄酱
- 熟鸡蛋 …… 2个
- 蛋黄酱 …… 35g
- 荷兰芹 …… 2小勺

火腿蛋黄酱
- 奥罗拉沙司 …… 全部
  （将蛋黄酱30g、番茄酱10g混合）
- 火腿 …… 4片
- 黄瓜 …… 1/2根
  （斜着切薄片）

▽ 做法

1. 做面包然后切分

将蒜末土豆面包的食材放入面包箱中，酵母粉放入酵母容器中，参考食材右侧的"设定"，设定面包机，然后启动，做好面包后，竖着切成7等份。

2. 做三明治

第一步 金枪鱼蛋黄酱玉米

❶ 在面包上涂上蛋黄酱（份量外），铺上1/2片莴苣，将金枪鱼蛋黄玉米的食材全部混合后放一半在面包上，再将另外一片面包盖在上面。

第二步 火腿蛋黄酱　　第三步 鸡蛋酱

❷ 第二步涂上奥罗拉沙司，放上2片火腿，半根黄瓜。再盖上1片面包，第三步在面包上涂一半将蛋黄酱的所有材料混合的食材。

❸ 重复第一到第三步，作为第四到第六步。

PART.3

成形面包

要享受面包机烘焙的话，推荐这款成形面包。揉面、发酵、烤制等由面包机完成，而面包制作环节最大的乐趣——整形则由自己愉快地完成。

椰仁巧克力面包
Coconut Chocolate Bread

巧克力和椰仁是极其投缘的黄金搭档！！

▽ 食材

【面胚食材】

	1斤	1.5斤
高筋面粉	200g	300g
可可粉	16g	24g
盐	1g	2g
砂糖	20g	30g
黄油	30g	45g
鸡蛋	16g	24g
水	120g	180g
干燥酵母粉	3g	4g

【成形用食材】

	1斤	1.5斤
巧克力屑	90g	135g
椰仁粉	适量	适量

▽ 做法

1. 用面包机制作面胚

面胚做好后暂时先取出来。
设置闹铃通知的话会很方便。

❶ 在面包箱上安装附带的面包机搅拌片。

❷ 在电子秤上放上面包箱，然后将显示设定为"0"。

❸ 将【面胚食材】从上到下按照顺序一个一个放入计量。

❹ 放入除酵母粉以外的食材后，将面包箱放入机器中，关上中间的盖子。

❺ 将干燥酵母粉放入酵母粉容器中。

❻ 盖上盖子，按"菜单第12号（甜瓜面包）"，然后启动。

面包机内部

接下来就交给面包机完成。
面胚完成后就会响铃通知。

注意点 根据品牌和型号的不同，功能也有所不同。详细请您阅读面包机的使用说明书。
本书使用了松下SD-BMS106型号的面包机。

马上就到了期待已久的整形环节！！

2. 取出面包箱，切分面胚

闹铃响后，取出面包箱，将面胚分离出来。
不进行中间醒发而马上进行整形。

❶甜瓜面包菜单的铃响后，从面包箱中取出面胚。再将面包机搅拌片取出。

❷用刮板切成3等份。

❸搓圆。

❀ 关键

准备计时器

没有甜瓜面包菜单的机器型号，可以准备计时器。从面包烤制完成的时间往前倒推，提前80分钟设置计时器，计时器响铃后，将面胚取出进行整形。

3. 整形

🕐 一定要在15分钟之内完成！！

❶用擀面杖擀成直径14cm（1.5斤是19cm）的圆形。

❷面胚边缘留1cm左右，在中央放上分成三等份的巧克力屑中的一份。

❸从身前开始一层一层地向外卷。

❹将面胚卷的接口处牢牢抓住封口。

❺用手轻轻地滚动抻成25cm（1.5斤是30cm）的棍状。同样方法做2根。

❻将面胚用湿布包裹，使表面保持湿润。

❼将椰仁粉撒在整个面胚上。

❀ 关键

用湿布包裹

通过让面胚表面保持湿润，可以让椰仁粉完美地附着在面胚表面。用湿布包裹的话，无需花多长时间马上就可以取下撒上椰子粉。

4. 面包机烤制。

❽将三根面胚竖着排列，将三根面胚一端捏紧，做三股辫，辫尾后也捏紧。

❾整理两头，放入面包箱中。

将面包箱放入机器中，关上上面的盖子，然后就烤制。

里面含有满满的巧克力屑。

火腿卷面包
Ham roll Bread

就这样完成火腿卷的成形,然后作为面包进行烤制。

烤制地薄薄的,然后品尝。直接吃也好吃,烤制地松松脆脆的也好吃。

▽ 食材

【面胚食材】

	1斤	1.5斤
高筋面粉	200g	300g
盐	2g	3g
砂糖	10g	15g
黄油	20g	30g
鸡蛋	10g	15g
水	130g	195g
干燥酵母粉	3g	4g

【整形用食材】

	1斤	1.5斤
蛋黄酱	2大勺	3大勺
火腿	8片	12片

【装饰食材】

披萨用乳酪	30g	45g

设定
菜单第12号
(甜瓜面包)

葡萄干
无

▽ 做法

🕐 一定要在15分钟之内完成!

1. 制作面胚

将【面胚食材】放入面包箱,酵母粉放入发酵容器中。参考食材右侧的"设定",设置面包机,然后启动。甜瓜面包菜单的铃声响后,将面胚取出。

2. 切分面胚后整形

❶ 将面胚分成2个,搓圆。

❷ 用擀面杖擀成直径18cm(1.5斤23cm)的圆形。

❸ 留一点面胚边缘不涂,在其他部分涂上1大勺(1.5斤是1.5大勺)的蛋黄酱,放上4片(1.5斤是6片)火腿。

3. 完成后用面包机烤制

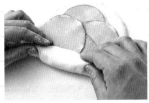

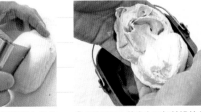

❹ 从身前开始一层一层地向外卷,将面胚卷的接口处牢牢抓住封口。

❺ 对折使面胚圆圈的部分朝向身前这边,上面留2cm,在圆圈这一侧用刮刀划出口子。同样方法再做一个。

❻ 打开开口,将2个面包并排放入取出面包机搅拌片的面包箱中。

在上面放上乳酪,将面包箱放入机器中,开始烤制。

黑胡椒乳酪玉米面包
Cheese Pepper Corn Bread

咬一口，就能品尝到些许辛辣的胡椒风味，是一款适合大人口味的面包。

食材

设定		
菜单第12号 （甜瓜面包）		
葡萄干 无		

【面胚食材】

	1斤	1.5斤
高筋面粉	200g	300g
盐	3g	4g
砂糖	10g	15g
粗颗粒黑胡椒	2g	3g
干罗勒	2g	3g
水	150g	225g
干燥酵母粉	3g	4g

【整形用食材】

	1斤	1.5斤
玉米棒	60g	90g
披萨用乳酪	100g	150g

做法

⏱ 务必在15分钟之内完成！！

1. 制作面胚

将【面胚食材】放入面包箱，酵母粉放入发酵容器中。参考食材左侧的"设定"，设置面包机，然后启动。甜瓜面包菜单的铃声响后，将面团面胚取出。

2. 整形

❶ 用擀面杖将面胚抻展成长25×宽20cm（1.5斤抻展成长30×宽25cm）的竖长的长方形。

❷ 留1cm左右的边缘，在面胚中间放上玉米、乳酪。

❸ 将距离身体较近的1/3份面胚的朝中间折叠。里面的1/3份也朝中间折叠，再紧捏住侧面封口。

> 揉成皱巴巴的样子，才能打造这款面包的质感。

3. 烤箱烤制

这个样子

❹ 用擀面杖将面胚抻展成长20×宽25cm（1.5斤抻展成长25×宽30cm）的竖长长方形。留上面1cm左右不切，下面间隔1cm开始切成长条状。

❺ 拿起面胚然后直接放下，将面胚弄皱后，揉成1个，放入面包箱中。

将面包箱放入机器中，开始烤制。

豆馅大理石面包

Marble Bean jam Bread

斑驳点缀其中的豆馅，演绎出绝妙的甘甜。

食材

【面胚食材】

	1斤	1.5斤
法式面包专用粉	200g	300g
盐	2g	3g
砂糖	40g	60g
黄油	40g	60g
水	115g	172g
干燥酵母粉	4g	5g

【整形用食材】

豆馅粒	200g	300g

做法

务必在15分钟之内完成！！

1. 制作面胚

将【面胚食材】放入面包箱，酵母粉放入发酵容器中。参考食材左侧的"设定"，设置面包机，然后启动。甜瓜面包菜单的铃声响后，将面团面胚取出。

2. 整形

❶ 用擀面杖将面胚抻展成长25×宽20cm（1.5斤抻展成长30×宽25cm）的长方形。

❷ 在面胚下面的2/3部分涂上豆馅粒，从上面开始折三下。

❸ 牢牢捏住侧面封口，用手轻轻地按压。

3. 烤箱烤制

❹ 从身前开始松松地卷，卷好后盖上湿布醒发5分钟。

❺ 用擀面杖再次将面胚抻展成长25×宽20cm（1.5斤抻展成长30×宽25cm）的竖长长方形。

❻ 再折三下，以竖长的形式放置。接下来一层一层卷好后，将面胚卷口朝下放置，再放入取出面包机翼的面包箱中。

将面包箱放入机器中，开始烤制。

乳酪咖喱面包
Cheese Curry Bread

成品切分之后更令人期待。
烤制后吃也可以，一个一个揪下来吃也可以。

食材

【面胚食材】

	1斤	1.5斤
高筋面粉	200g	300g
盐	3g	4g
砂糖	15g	22g
黄油	15g	22g
水	140g	210g
干燥酵母粉	3g	4g

【整形用食材】
咖喱布丁

	1斤	1.5斤
橄榄油	1大勺	1.5大勺
大蒜	1片	1.5片
生姜	2片	3片
洋葱	50g	75g
绞肉	150g	230g
咖喱粉	1大勺	1.5大勺
伍斯特辣酱油	2大勺	3大勺
番茄汁	100g	150g
披萨用乳酪	100g	150g

设定
菜单第 12 号
（甜瓜面包）

葡萄干
无

烤制的颜色稍浅，或者稍深，都可以愉快地感受到面包的各种表情。

预先准备

做咖喱布丁

在煎锅中放入橄榄油、切碎的大蒜、生姜、洋葱翻炒，变软后加入绞肉继续翻炒，肉的颜色变化后，加入咖喱粉、伍斯特辣酱油、番茄汁，煮至出现粘稠物。然后移到大盘中分成4等份完全冷却。

做法

1. 制作面胚

将【面胚食材】放入面包箱，酵母粉放入发酵容器中。参考食材右侧的"设定"，设置面包机，然后启动。甜瓜面包菜单的铃响后，取出面胚。

🕐 一定要在15分钟之内完成！

2. 切分面胚然后整形。

❶ 将面粉分成4份，搓圆。用擀面杖擀成长 10cm× 宽15cm（1.5斤是长 15× 宽20cm）的长方形。

❷ 留1cm的面胚边缘，将分成4等份的咖喱布丁涂在面胚上，再放上分成4等份的乳酪。

3. 用面包机烤制

❸ 从身前开始一层一层地卷，将面胚卷的接口处牢牢抓住封口。

❹ 用单手滚动面胚抻成20cm（1.5斤是25cm）的棍状。同样方法做3个。

❺ 把面胚折成U字形，然后将面胚摆成每两个U字形朝向相反的样子，再放入取出面包机翼的面包箱中。

将面包箱放回机器中，然后烤制。

内容提要

黑胡椒乳酪玉米面包、浓香肉桂冰激凌吐司、维也纳香肠大豆面包……这些在高档面包坊才能看到的名字，它们高昂的价格是不是让你望而却步了呢？日本著名面包烘焙大师荻山和也让你对此说"No"！

只需一台小小的面包机，在家就能烘焙出这些高档而专业的美味，健康又营养。

烘焙方法简单易学，让人意想不到的材料组合，让享用美味的人欲罢不能。而你，获得的不仅仅是一份充实的美味，更是一种让人无比幸福的成就感。

北京市版权局著作权合同登记号：图字 01-2015-1535 号

OGIYAMA KAZUYA NO HOME BAKERY DE TANOSHIMU PREMIUM & GOCHISOU PAN

Copyright © TATSUMI PUBLISHING CO.,LTD. 2014

All rights reserved.

First original Japanese edition published by TATSUMI PUBLISHING CO.,LTD.

Chinese (in simplified character only) translation rights arranged with TATSUMI PUBLISHING CO.,LTD.

through CREEK & RIVER Co., Ltd. and CREEK & RIVER SHANGHAI Co., Ltd.

图书在版编目（CIP）数据

爸爸的面包机：美味面包烘焙 /（日）荻山和也著；鞠向超等译 .-- 北京：中国水利水电出版社，2016.1

ISBN 978-7-5170-3580-0

Ⅰ.①爸… Ⅱ.①荻… ②鞠… Ⅲ.①烘焙－糕点加工
Ⅳ.① TS213.2

中国版本图书馆 CIP 数据核字 (2015) 第 207501 号

策划编辑：杨庆川 曹亚芳　责任编辑：杨庆川　加工编辑：曹亚芳　封面设计：梁燕

书　　名	爸爸的面包机：美味面包烘焙
作　　者	【日】荻山和也 著　鞠向超等 译
出版发行	中国水利水电出版社 （北京市海淀区玉渊潭南路 1 号 D 座　100038） 网　址：www.waterpub.com.cn E-mail：mchannel@263.net（万水） 　　　　 sales@waterpub.com.cn 电　话：（010）68367658（发行部）、82562819（万水）
经　　售	北京科水图书销售中心（零售） 电　话：（010）88383994、63202643、68545874 全国各地新华书店和相关出版物销售网点
排　　版	北京万水电子信息有限公司
印　　刷	北京市雅迪彩色印刷有限公司
规　　格	210mm×260mm　16 开本　6 印张　146 千字
版　　次	2016 年 1 月第 1 版　2016 年 1 月第 1 次印刷
印　　数	0001—8000 册
定　　价	39.00 元